Lisbon: What the Tourist Should See

Fernando Pessoa

일러두기

- 본문에 등장하는 장소에 붙인 번호는 인터넷에 공개된 지도를 기준으로 한다.
  책에 등장하는 순서대로 번호를 매겼으며 한 번 언급된 장소가 다시 나올 때는
  원래의 번호로 돌아간다. http://lisbon.pessoa.free.fr/PrinterFriendlyMap.php
- 본문에서 중요하다고 여겨지는 장소는 볼드처리해 구분해주었다.
- 포르투갈어 표기는 국립국어원 포르투갈어 표기법을 따랐다.
- 본문에서 동명이인의 화가, 작가는 출생 순서에 따라 대大, 소小로 구분해 표기했다.
- 모든 각주는 옮긴이와 감수자가 덧붙인 것이다.

페소아의 리스본
Lisbon: What the Tourist Should See

2017년 7월 21일 초판 발행 ○ 2019년 7월 30일 3쇄 발행 ○ 지은이 페르난두 페소아
옮긴이 박소현 ○ 펴낸이 김옥철 ○ 주간 문지숙 ○ 편집 여임동 ○ 디자인 김경범
커뮤니케이션 이지은 ○ 영업관리 강소현 ○ 인쇄·제책 천광인쇄사 ○ 펴낸곳 (주)안그라픽스
우10881 경기도 파주시 회동길 125-15 ○ 전화 031.955.7766(편집) 031.955.7755(고객서비스)
팩스 031.955.7744 ○ 이메일 agdesign@ag.co.kr ○ 웹사이트 www.agbook.co.kr
등록번호 제2-236(1975.7.7)

이 책의 국립중앙도서관 출판예정도서목록(CIP)은 서지정보유통지원시스템
홈페이지(seoji.nl.go.kr)와 국가자료공동목록시스템(nl.go.kr/kolisnet)에서 이용하실 수 있습니다.
CIP제어번호: CIP2017014610

ISBN 978.89.7059.907.6 (13980)

페소아의 리스본

페르난두 페소아 지음 | 박소현 옮김 | 최경화 감수

안그라픽스

『페소아의 리스본』 사용법

옮긴이 박소현

"정신의 활동력이 왕성한 사람은 다 그러하듯이, 나는
  정주적 삶을 향한 유기적으로 숙명적인 애정으로
  뭉쳐 있다. 새로운 삶이나 모르는 장소를 나는 혐오한다."•

"오 리스본, 나의 고향이여!"••

1

5월 말의 무더운 날 리스본의 한 광장에서, 작가
존 버거는 15년 전에 죽은 어머니와 조우한다(나지막한
우산 모양으로 뻗어 나가는 향나무가 100명은 족히
들어갈 그늘을 만든다는 그 광장은 프린시프 헤알
공원071임에 분명하다). "존, 너는 …… 이걸 알아야 해.
죽은 사람은 묻힌 곳에 머물지 않는다는 것 말이야." 그의
어머니는 생전에는 와본 적 없지만 죽은 뒤에는 리스본에
머물기로 했다고 한다. 리스본이야말로 "그냥 아무 장소가
아니라 만남의 장소"이기에. "이제 전차가 다니는 도시는
많지 않잖니, 여기서는 그 소리를 들을 수 있어."

• 페르난두 페소아, 배수아 옮김, 『불안의 서』, 봄날의책,
   2014, 225쪽, 텍스트 121.
•• 같은 책, 149쪽, 텍스트 74.

3월 말의 비 오는 날 나는 자정이 가까워서야 리스본에
도착했다. 한 달간 묵기로 한 집에 찾아들어 잠을
청하려는데 창밖에서 묵직하면서도 날카로운 쇳소리가
들려왔다. 전차 소리였다. 그제야 내가 정말 리스본에
왔다는 사실을 실감했다. 이 도시 구석구석 어디서라도
전차 소리가 들리겠지만, 특히나 이 집은 그 유명한 28번
전차가 지나는 길목에 있었다. 소공녀 세라의 다락방 같은
이 방에는 온기를 느낄 만한 것이 없어 나는 이불 속으로만
파고들었고, 전차 소리는 잊을 만하면 한 번씩 "빗속에
생기를 띠고" 되살아났다. 특히 전차가 모퉁이를 돌 때
나는 쇳소리는 현재보다는 과거에 속한 것 같은 소리였다.

영국 사람 존 버거는 리스본이 "망자들의 특별한
정거장"일지도 모른다고 했다. 이곳에서 망자들은 다른
도시에서보다 더 과감하게 그 모습을 드러낸다. 리스본을
이곳저곳 배회하는 버거 앞에 불쑥 나타나 말을 건네는
그의 죽은 어머니. 두 모자는 조국의 순교자 광장[152]이나
수도교[086]처럼 그리운 사람이 불쑥 나타날 것 같은 곳에서
자꾸 마주친다. 이 도시에서 망자와 조우하는 것은
그만이 아니다. 7월 말의 푹푹 찌는 날 이탈리아 사람

안토니오 타부키는 셔츠를 몇 번이나 갈아입어야 할 만큼
땀을 흘린 채로 온종일 리스본을 쏘다니며 죽은 이들을
찾아다닌다. 두 작가에게 리스본은 사랑하는 이의 유령을
만나기에 이상적인 장소였으리라. 실은 나도 망자를 찾아,
적어도 망자의 흔적을 좇아 이곳에 왔다. 82년 전에 죽은
작가가 92년 전에 쓴 가이드북을 들고 그가 사랑했던
도시가 얼마나 달라졌는지, 혹은 달라지지 않았는지
살펴보러 왔으니까.

2

그 작가 페르난두 페소아는 1888년 리스본에서 태어났다.
다섯 살 때 친아버지가 결핵을 앓다가 죽고 얼마 후
어머니는 주 남아프리카공화국 포르투갈 영사와 재혼했다.
곧 그는 어머니와 새아버지를 따라 당시 영국령이던
남아프리카 더반으로 옮겨가 그곳에서 9년간 영국계 학교에
다녔다. 성장기의 더반 생활은 이후 그의 삶과 문학 전반에
큰 영향을 끼쳤다. 특히 이 책 『페소아의 리스본』은 더반
시절에 습득한 언어인 영어로 쓰였고, 그 시절 바깥 세계와
만나면서 받은 충격이 지속된 결과물이라고도 할 수 있다.

열일곱 살이 되던 1905년에 그는 더반에 가족들을 남겨
두고 홀로 리스본으로 돌아왔다. 그리고 다시는 이 도시를
떠나지 않았다. 리스본대학교 문학부에 입학했지만, 곧
학업을 포기하고 무역회사에서 통신문 따위를 번역하는
일로 생계를 이어갔다. 그리고 밤이면 글을 썼다. 일하던
회사의 편지지에, 자주 가던 카페의 메모지에, 돈을 아끼려
큰 갱지를 작게 자른 종이 위에, 그렇게 쓴 원고가 차곡차곡
쌓여갔다. 그러나 그가 살아서 빛을 본 원고는 거의 없었다.
수만 장에 이르는 원고들은 1935년에 그가 죽은 뒤 방 안의
한 궤짝에서 발견되었고 수많은 친구와 봉사자, 연구자 들의
지난한 분류 작업 끝에 하나씩 책으로 묶여 나왔다.

이 책의 원고 *Lisbon: What the Tourist Should See* 또한
그 궤짝 안에 있었다. 원고에서 언급되는 여러 기념비의
제막 연대를 꼼꼼히 따져본 연구자들은 이 원고가 1925년에
쓰였다고 결론 내렸다. 『불안의 서 Livro do desassossego』를
비롯한 다른 원고들이 손으로 흘려 쓴 채 여기저기 흩어져
있었던 것과 달리, 이 원고는 타자를 쳐서 가지런히 묶어둔
상태였다고 한다. 이 글을 쓴 동기가 적힌 종이도 함께
발견되었다. "보통의 영국인, 그뿐만 아니라 (스페인 사람을

제외하면) 어느 나라 사람이건 포르투갈을 유럽 어딘가에
있는 작은 나라로, 심지어는 스페인의 한 지방인 줄로만
안다." 페소아는 남아프리카 시절 외국인, 특히 영국인이
포르투갈에 대해 아무것도 모른다는 사실에 상당히 충격을
받았다고 한다. 특히 그들이 유럽에서 아프리카 남쪽 해안을
거쳐 인도로 가는 항로를 개척한 바스쿠 다 가마조차
모른다는 사실에 절망했다. 그 위대한 탐험가야말로
남아프리카공화국이 세워지는 계기를 만든 장본인이
아닌가. 그래서 페소아는 그 시절 다소 떠벌리는 태도로
바스쿠 다 가마의 탐험을 노래한 시인 카몽이스에 대한
에세이를 쓰기도 했다(훗날 아르헨티나 작가 호르헤 루이스
보르헤스는 자신의 뿌리가 포르투갈에 있음을 알고
「루이스 드 카몽이스에게 바치는 시」에서 그 모든 것의
무상함을 노래했다).

연구자들은 출판을 염두에 두고 정리해둔 것으로 보이는
이 원고가 "포르투갈에 관한 모든 것"이라는 더 원대하지만
실현되지 못한 계획의 일부일 것으로 추정한다. 그 계획의
밑그림은 이렇다. 해외에 포르투갈을 홍보할 '포르투갈
문화센터'를 세우고 이 기관의 책임 아래 홍보 책자

『포르투갈의 모든 것』을 출판하며, 마지막으로 런던에서
«포르투갈»이라는 정기간행물을 발간한다. 그리고 이
모든 사업의 책임자는 다름 아닌 페소아 자신이다. 평생
무기력에 시달렸던 그였지만 이 구상을 떠올릴 때만큼은
부지런히 움직였고, 이 원고는 그 미완의 결실이었던
것으로 보인다. 오랜 시간 잊혔던 이 원고는 그의 탄생
100주년인 1988년 즈음에 극적으로 발견되어 출간되었고
곧이어 독일어, 이탈리아어, 스페인어, 프랑스어 등 여러
외국어로 번역되었다. 이후 페소아가 제시한 경로를
꼼꼼하게 표시한 지도와 원문이 인터넷에 공개(http://
lisbon.pessoa.free.fr)되었으니, 이 원고는 처음 페소아가
의도했던 대로 제 몫을 다하고 있는 듯하다.

3
페소아에게 리스본은 그저 한 도시가 아니라
포르투갈이라는 한 나라가 응축된 장소였다. 멀리
남아프리카에서 지내는 동안 끝없이 그리워하며 이상화한,
반드시 돌아가야 할 고향이었다. 한편으로 그곳은
포르투갈의 존재조차 모르는 무지한 외국인들과 부딪히며

다소 국수적인 태도로 방어하고 그 존재를 널리 알려야
하는 곳이기도 했다. 그러나 유년기의 순수하고 아름다운
기억 속에만 살아 있는 리스본은 결코 다시 돌아갈 수 없는
고향이었다. 리스본에 돌아온 그는 실제 모습에 실망하고
영원히 버림받은 고아 같은 심정이 되었다. 페소아의
이명異名 중 하나인 알바루 드 캄푸스가 쓴 시「돌아온
리스본」에 그 심정이 잘 드러난다. "또다시 너를 보는구나
/ 두려워하며 잃어버린 내 어린 시절의 도시 / 하지만
여기에서 살았고 여기에 돌아온 것은 나 자신인가? / 여기에
계속해서 돌아오고 돌아왔던 / 여기에 또다시 돌아오고 또
돌아왔던 나 자신인가?" 그럼에도 페소아는 영원히 잡히지
않을 것만 같은 리스본의 '진짜' 모습을 애타게 찾아다녔다.
"밤이면 도시의 거리 이곳저곳을 다니며, 늘어선 집들을
내 영혼 나름의 방식으로 관찰하는 일에서 지극한 쾌락과
즐거움을 느낀다." 이 짧은 리스본 가이드에는 리스본에
대한 그런 복잡하고 모순된 감정과 "관광객이 꼭 보아야 할
것들"을 제시해야 한다는 의무감이 뒤섞여 있다.

따라서 이 책에는 페소아의 다른 작품에서 발견할 수
없는, 페소아의 다른 목소리가 있다. 그는 이 가이드를

읽을 독자, 특히 영어 사용자들에게 포르투갈의 역사와
문화 그리고 수도 리스본에 관해 가능한 한 많은 것을
알려주고 싶어 말 그대로 안달복달한다. 건축물과 기념비는
죄다 장엄하고 잊을 수 없을 만치 인상적이며, 전망대에서
내려다보는 경치는 이루 말할 수 없이 아름답다. 장소를
수식하는 형용사는 제한되어 있고 봐둘 만한 것은 너무
많다. 또한 그는 이방인이 잘 모르고 별로 알고 싶어 하지도
않는 포르투갈의 국가 영웅들에 대한 이야기를 반복하고,
기회만 닿으면 포르투갈의 위대한 역사, 특히 대항해 시대의
역사를 장황하게 읊는다. 그 어조는 다분히 보수적이고
민족주의적이어서 작가 페소아의 섬세한 안내를 기대했을
독자들의 마음을 놀라게 할지도 모른다.

그러나 이 책을 들고 리스본을 둘러보기 시작하면 이
도시에 대한 페소아의 각별한 애정을 느낄 수 있다.
리스본에 발을 내딛는 순간부터 어떻게 움직여야 할지
세세하게 경로를 일러주고, 지나가며 보이는 장소
하나하나의 의미까지 짚어준다. 아무 생각 없이 지나칠
법한 건물을 거쳐간 사람과 단체며 거기에 스민 역사를
알려주고, 혹시라도 무심한 이방인이 알아보지 못할까봐

거듭해서 그 중요성을 강조한다. 페소아는 자신의 리스본을 이방인 앞에 가장 잘 내보일 방법을 고심하며 관광 코스를 구상했을 것이다. 이렇게 여행 안내서를 쓰는 것만큼 한 도시에 대한 사랑을 압축적으로 표현할 수 있는 방법이 또 있을까. 특히 그처럼 여행을 혐오하고 "정주적 삶을 향한 유기적이고 숙명적인 애정"으로 뭉쳐 있는 사람에게 리스본은 그가 속한 세계의 거의 모든 것이었을 테다. 덕분에 우리는 다른 안내서에서는 기대할 수 없는 방식으로 리스본의 과거와 현재, 북적이는 관광 명소와 인적 드문 거리 사이를 오갈 수 있게 된다.

원서는 리스본 전체를 하루에 둘러보는 빠듯한 여정으로 구성되어 있지만, 한국어판에서는 본문에 등장하는 장소들을 구역별로 나누었다(마지막 두 장 「리스본의 신문들」과 「퀠루스를 거쳐 신트라」를 제외한 장은 모두 편집 과정에서 임의로 넣은 것임을 밝혀둔다). 한 구역을 찬찬히 살펴보는 데 반나절 정도 걸리지만 도보 여행을 계획한다면 시간을 더 넉넉하게 잡기를 권한다. 또한 페소아는 자동차를 타고 리스본을 둘러보자고 제안하지만, 지금의 리스본은 그보다는 가끔 전차의 도움을 받아가며

도보로 둘러보는 편이 훨씬 자연스럽고 효율적이다. 또한
지금은 필요 없는 페소아 당대의 여행 정보를 모두 원문대로
수록했다. 대신 해당 장소에 주석을 달아 현재의 정보와
그 사이 달라진 내용을 일러두었다.

4

2017년 3월, 이 책을 들고 방문한 리스본은 다행히도
"스스로를 엉망으로 만드는 도시가 아닌"지라 페소아가 살던
시절의 모습을 거의 그대로 간직하고 있었다. 책에서 언급된
건축물은 대부분 그 자리에 그대로 있었고, 세월이 흐르면서
생긴 변화를 눈으로 확인하는 즐거움도 누릴 수 있었다.
아침에 일어나면 근처 빵집이 열기를 기다렸다가 갓 구운
30센트짜리 크루아상으로 아침을 먹었다. 그리고 이 책을
뒤적이며 어디로 발을 옮겨야 할지 목적지를 정했다. 날씨와
기분에 따라 혹은 그날 우연히 눈에 들어온 코스를 골랐다.
점심으로 먹을 샌드위치를 싸 들고 집을 나서 여기저기
돌아다니다 보면 하루가 금방 지나갔다. 그중에서도
리스본에 또 온다면 개인적으로 다시 방문하고 싶은 곳들을
소개해보려 한다.

먼저 **에스트렐라 구역**. 시내에서 28번 전차를 타고 종점에서 내리면 프라제르스 묘지 [095] 다. 기쁨의 묘지라는 역설적인 이름의 이 묘지에 가면 터줏대감 고양이들이 반겨준다. 페소아와 그의 연인 오펠리아를 포함한 리스본의 여러 유명 인사가 이곳에 묻혔다.[*] 여기서 내려다보이는 테주강과 4월 25일 다리도 근사하다. 특히 조용한 아침에 차분히 거닐기 좋은 곳이다. 조금만 걸어가면 현재는 페소아 기념관 Casa Fernando Pessoa이 된, 페소아가 말년에 살았던 집이 나온다. 생전 그대로 보존된 페소아의 방과 그의 '궤짝'도 볼 수 있지만, 이곳의 볕 잘 드는 작은 도서관은 책을 사랑하는 사람이라면 누구나 머물고 싶어할 만하다. 친절한 사서는 한국에서 왔다고 밝히면 사다리를 타고 높다란 책장에 올라가 한국어판 페소아 책을 찾아준다. (이 책 『페소아의 리스본』 초판을 도서관에 기증해주신 독자에게 이 지면을 빌려 감사드린다.) 가까운 에스트렐라 공원 [097] 은 리스본의 따사로운 햇살을 즐기며 점심을 먹기에 맞춤인 곳이다. 사서가 있는 야외 도서관이 있어서 햇살 아래 책을 읽는 시민들이 보인다. 맞은편 에스트렐라 성당 [099] 의 아름다운 돔은 한참을 올려다보아도 질리지 않는다.

---

[*] 생전에 이 묘지에서 망자들과 조우하던 안토니오 타부키도 죽어서는 여기에 묻혔다.

아주다궁[107]에서 **벨렝의 제로니무스 수도원**[112]까지 가는 길. 차는 물론 인적조차 드문 이 길에는 식물원과 공원, 작은 성당이 곳곳에 있어 중간중간 쉬어가면서 천천히 걷기 좋다.

모라리아[133] 구역. 조국의 순교자 광장[152] 한켠 포르투갈의 위대한 의사醫師 소자 마르팅스의 동상 앞에는 초와 꽃과 기도하는 사람이 늘 가득하다. 상 라자루 거리[149]의 공공도서관에는 샹들리에와 고가구를 갖춘 작지만 아름다운 열람실이 있다. 토렐 골목[156] 안쪽에 자리 잡은 토렐 공원은 서쪽을 향해 있어 리스본에서 석양을 보기 제일 좋은 장소일 것이다. 근처 아센소르 라브라[159]는 리스본의 아센소르 중에서 가장 한산한 편이다.

그리고 **알파마**[129]. 존 버거는 이곳에서 몇 번이나 길을 잃었다고 했다. 리스본에서 길을 잃는 것은 특별한 일이 아니다. 리스본 토박이들도 알파마나 모라리아 같은 동네에서는 걸핏하면 길을 잃는다고 한다. 더구나 새로운 가게와 식당이 계속 들어서는 요즘은 이정표마저 분명치 않아 더욱 길을 찾기 어렵다. 몇 년 전 처음 리스본에

왔을 때 나도 알파마에서 몇 번이나 길을 잃었다. 작열하는 태양 아래 헉헉대며 어느 모퉁이에 서 있다가 마주친 인도인 가족은 혀를 내두르며 말을 건넸다. "여긴 정말이지 골목이란 골목이 다 똑같아 보여요." 하지만 일곱 언덕 위에 세워진 고도故都를 느껴보는 데 이보다 더 좋은 방법이 또 있을까.

여타 유럽 도시처럼 리스본에도 각종 도보 투어가 많다. 호시우나 시아두에서 빨간 우산을 들거나 노란 가방을 든 가이드가 이끄는 관광객 무리를 심심찮게 볼 수 있다. 여러 도보 투어 중에서 **리스본 문학 도보 투어**Lisbon literature tour를 권하고 싶다. 내가 참여한 날은 그 해 들어 비가 가장 많이 온 날이었다. 비를 뚫고 약속 장소인 카몽이스 광장 066에 도착하니 참가자는 나를 포함해 세 명뿐이었다. 가이드를 맡은 하파엘은 에사 드 케이루스 상 068, 페소아의 생가가 보이는 상 카를루스 극장 064, 세계에서 가장 오래된 서점이라는 베르트랑드 서점, 카르무 광장 015, 상 페드루 드 알칸타라 070까지 종횡무진 우리를 끌고 다녔다.

하파엘이 소개한 장소 중에서 가장 인상적이었던 곳은 카자 두 알렌테주Casa do Alentejo였다. 북적대는 시내 한복판에서 입구로 들어가는 계단을 올라서는 순간 완전히 다른 세계로 들어가는 것 같은 기분이었다. 무어 풍으로 꾸며진 입구에는 과거에서 날아온 것 같은 노인들이 앉아 있었고, 무도실에는 잘 차려입은 중년 남녀가 사교 댄스를 추고 있었다. 우리는 도서실에 앉아 안토니오 타부키의 『레퀴엠』에 대해 얘기했다. 페소아만큼이나 리스본을 사랑했던 이방인 타부키는 이 작품에서 리스본을 배회하며 페소아의 분신들과 조우한다. 그는 자신을 받아준 이 도시와 리스본 시민에게 애정과 경의를 표하기 위해 『레퀴엠』을 썼지만, 나는 이 책을 또 다른 리스본 안내서로 읽었다. 『페소아의 리스본』에서 페소아가 다소 힘이 들어간 목소리로 정직하게 도시를 안내한다면, 『레퀴엠』은 한 편의 꿈처럼 도시를 떠돌면서 가는 곳마다 이야기를 만드는 방식을 취한다.

끝으로, 지도에는 높낮이가 표시되지 않는다는 점을
잊지 말자. 지도로 보면 아주 짧은 거리처럼 보이지만, 언제
어디서 언덕과 가파른 계단을 마주칠지 모른다. 게다가
리스본의 길은 돌을 깨서 박아 넣은 길이 대부분이다.
그러니 반드시 편한 신발을 신을 것. 모자와 500밀리리터
이상의 물병을 가지고 다닐 것. 그리고 이 가이드북을
잊지 말 것. 나머지는 각자의 몫이다.

참고하고 인용한 글
— Teresa Rita Lopez, "Preface", in Fernando Pessoa, *Lisboa—
What the Tourist Should See*, Libros Horizonte, 2015.
— 안토니오 타부키, 박상진 옮김, 『레퀴엠: 어떤 환각』, 문학동네, 2014.
— 안토니오 타부키, 김운찬 옮김, 『사람들이 가득한 트렁크』, 문학동네, 2016.
— 존 버거, 강수정 옮김, 『여기, 우리가 만나는 곳』, 열화당, 2006.
— 페르난두 페소아, 배수아 옮김, 『불안의 서』, 봄날의책, 2014.
— 페르난두 페소아, 김한민 엮고 옮김, 『페소아와 페소아들』, 워크룸프레스, 2014.

우리 안의 페소아

최경화 『포르투갈, 시간이 머무는 곳』 지은이

"여행은 무엇이고, 무슨 의미가 있는가? 모든 석양은 다
같은 석양이다. 석양을 보기 위해서 콘스탄티노플까지 갈
필요는 없다. 여행이 주는 해방감이라고? 그런 해방감은
리스본에서 교외인 벤피카로만 나가도 느낄 수 있다. 그것도
리스본에서 중국으로 가는 여행자보다 훨씬 더 강렬하게.
왜냐하면 해방이 내 안에 있는 것이 아니라면, 나는 어디로
가도 그것을 얻지 못할 것이기 때문이다 …… 다른 이들은
자신이 여행하는 나라에서 이름 없는 이방인이다. 나는 내가
여행한 나라에서 익명의 여행자라는 비밀스러운 즐거움뿐
아니라, 그 나라를 지배하는 왕과 같은 명예까지도 누렸다.
나는 그곳의 백성이었고, 규범이자 풍습이었고, 모든
나라들의 모든 역사이기도 했다."•

출판된 지 2–3년만 되어도 수정할 내용이 태반인 것이
가이드북의 속성인데, 쓰인 지 90년이 넘은 페소아의 리스본
가이드북을 읽어야 하는 이유는 무엇인가? 서울 사람인
내게는 신기하고도 고맙게도, 리스본은 페소아가 살던
시절과 지금이 그리 다르지 않다. 사라지거나 새로 생긴
명소도 있지만 그가 언급한 장소들 대부분이 100년 가까이
지난 지금도 그대로 남아 있다. 그러나 무엇보다도 페소아의

• 페르난두 페소아, 배수아 옮김, 『불안의 서』, 봄날의책, 2014,
253–254쪽, 텍스트 138.

리스본 가이드북이 가치 있는 이유는 리스본에서 페르난두 페소아가 현재형이기 때문이다.

아직도 페소아의 미발표, 미출간 원고가 있고 새로운 페소아의 원고가 발견되면 리스본 시민들은 환호한다. 리스본 거리엔 페소아의 시구詩句가 곳곳에 등장한다. 바다처럼 웅장한 테주 강변의 산책로엔 페소아의 작품 한 구절이 쓰여 있다. 리스본 관광의 시작점이라고 할 수 있는 코메르시우 광장011의 한켠엔 페소아의 단골 식당이었던 마르티뉴 다 아르카다Martinho da Arcada가 있다. 관광객과 젊은이로 북적거리는 시아두060 한복판엔 페소아의 동상이 마치 행위 예술가처럼 앉아 있다. 벨렝 지구의 제로니무스 수도원112엔 그의 묘소가 있다. 페르난두 페소아와 그의 이명異名들과 함께. 수많은 작가가 페소아의 시구를 계속해서 인용한다.

페소아는 우리 안에 모든 것이 있다고 했다. 우리가 할 일은
그것을 찾아내는 것 그리고 어떻게 찾는지를 알아내는
것이라고도 했다. 그러니 우리는『페소아의 리스본』을
읽고 우리 안의 리스본을, 그가 우리에게 보여주고자 했던
리스본을, 우리 안의 페소아를 찾아내면 된다. 이름없는
외국인 여행객이 되어 무엇이든 될 수 있는 비밀스러운
즐거움을 느끼면서.

눈부시게 아름다운 경치를 내려다볼 수 있는 전망대가
쭉 늘어선 일곱 언덕 위로, 들쭉날쭉 튀어나온 다채로운
건물들이 여기저기 흩어져 리스본이라는 도시를 이룬다.

물길로 오는 여행자라면 아주 멀리서도, 햇살에 금빛으로
물든 푸른 하늘 위로 떠오르는 또렷한 꿈속의 한 장면
같은 이 광경을 볼 수 있을 것이다. 그리고 돔과 기념비와
고성들이 주택들 위로, 이 아름답고 축복받은 도시의
전령처럼 아스라이 늘어서 있다.

도착

배가 모래톱에 닿으면 이방인의 궁금증은 점점 커질
것이다. 3세기 전 주앙 투히아노 수사의 설계로 강어귀에
세워진 부지우 등대 Farol do Bugio[002]를 지나면, 성처럼 웅장한
벨렝탑[003]이 16세기 로마네스크와 고딕과 무어 양식이
혼합된 군사 건축의 장대한 표본처럼 나타난다. 배가 앞으로
갈수록 강은 좁아졌다가 곧 다시 넓어지면서 큰 배가
정박하기에 천혜의 요건을 갖춘 세계 최대의 항구가 된다.
배에서 왼쪽을 바라보면 언덕 위로 건물이 빼곡히 서 있는데
바로 거기가 리스본이다.

신속한 절차를 거쳐 배에서 내리면 항구에는 각종
교통수단이 여행자를 기다리고 있다. 마차는 물론 자동차와
전차까지 있어 몇 분 안에 시내까지 데려다준다. 부두에는
필요한 것이 모두 갖춰져 있다. 세관 공무원이건
이민국 경찰이건 관리들은 누구나 예의 바르게
이방인의 요구사항을 들어줄 것이다.

세관 건물 밖의 작은 파출소에서는 짐을 운반해줘서 이런
곳에서 흔한 바가지와 실랑이를 피할 수 있다. 여기서
짐을 보내달라고 하면 시내 어디든 직접 배달해준다. 이곳

경찰들은 일처리가 능숙하고 외국어도 여럿 할 줄 안다.

이제 우리는 이방인에게 함께 길을 나서자고 하려고 한다.
그의 안내인이 되어 이 도시를 함께 둘러보며 기념비,
공원, 주요 건물, 박물관을 비롯해 이 환상적인 수도에서
둘러볼 만한 곳은 모조리 알려줄 것이다. 이방인이 얼마간
머무를 계획이라면 믿을 만한 짐꾼을 찾아 짐을 맡기자.
그러면 짐꾼이 짐을 안전하게 호텔로 가져다줄 것이다.
그리고 함께 자동차에 올라 시내로 가도록 하자. 가는 길에
봐둘 만한 것을 모두 일러주겠다.

부두를 벗어나면 바로 왼쪽 앞에 오비두스 백작의 바위
Rocha do Conde de Óbidos[004]가 있다. 양쪽으로 난 돌계단으로
올라가면 잘 가꿔진 공원*이 있고 강을 내려다보기
좋은 곳이다. 7월 24일 거리 Rua 24 de Julho[006]를 따라가면
산투스 공원 Jardim de Santos(또는 바스쿠 다 가마 공원)[005]과
동 루이스 광장 Praça Dom Luís[007]을 지나게 된다. 동 루이스
광장에는 입헌운동을 이끌었던 영웅적 지도자 사 다
반데이라 후작의 청동상이 있다. 이 동상은 로마에서
조반니 치니셀리가, 받침대는 리스본에서 제르마누 주제

드 살레스가 제작해 1881년 제막되었다.**

좀 더 가서 아멜리아 왕비가 세운 국립폐결핵환자지원소가
들어선 멋진 건물을 지나, 테주강Rio Tejo까지 쭉 이어진
광장과 만나게 된다. 왼편에는 리스본을 절대주의 체제에서
해방시킨 테르세이라 공작의 동상이 있고, 오른편에는
키를 잡은 뱃사람을 형상화한 작지만 흥미로운 대리석상이
있다. 이 조각상은 조각가 프란시스쿠 두스 산투스의
작품이며, 공작의 동상은 조각가 시몽이스 드 알메이다의
작품이다. 멀지 않은 곳에 카스카이스 선 열차가 서는
임시 기차역008***이 있고, 강에는 부두가 있어 테주강을
오가는 작은 증기선이 배를 댄다. 이곳에도 자동차가 줄지어
대기 중이다.

• 4월 9일 공원(Jardim 9 de Abril) 또는 알베르타스 공원(Jardim das Albertas).
•• 7월 24일은 1828년에서 1834년까지 포르투갈 절대왕정파와 입헌군주파가
   왕위계승을 둘러싸고 벌인 내전에서 입헌군주파가 승리를 거둔 날이다.
••• 지금의 카이스 두 소드레(Cais do Sodré)역.

바이샤

자동차는 계속해서 아르세날 거리Rua Arsenal⁰⁰⁹를 지나,
이 도시에서 가장 아름다운 건물 중 하나인 **시청**Câmara
Municipal을 지난다. 안팎 모두 더할 나위 없이 훌륭한 이
건물은 건축가 도밍구스 파렌트와 조각과 회화에서 이름을
날리던 여러 예술가가 협력해 만들어졌다. 2층으로
올라가는 웅장한 대리석 계단과 그 주변의 벽과 천장을
장식한 그림들은 각별히 눈여겨봐둘 만하다. 건물 안의 여러
방 또한 그에 못지않게 잘 꾸며져 있다. 스케이라, 콜룸바누,
주제 호드리게스, 네베스 주니오르, 말료아, 살가두 등의
화가들이 그린 역사적 인물이나 사건을 다룬 프레스코화와
캔버스화가 걸려 있다. 대지진•으로 파괴된 리스본을
재건한 폼발 후작을 그린 루피의 대작뿐 아니라 최고 수준의
조각이며 아름다운 벽난로와 가구들도 볼 수 있다.

시청 앞 광장 한복판에는 외국에도 잘 알려진 펠로리뉴
Pelourinho⁰¹⁰가 있다. 돌덩이 하나를 통째 나선형으로
깎아 만든 18세기 말의 걸작이다. 이 광장 오른편의
거대한 건물은 해군무기고Arsenal da Marinha다. 이 무기고와
강가에 있어 보이지 않는 작업장 옆에는 1845년에 설립된
해군대학과 고등법원Tribunal da Relação이 있다. 고등법원 안에

• 리스본 대지진. 1755년 11월 1일 만성절에 일어난 지진으로 리스본 전체가
폐허가 되었다. 당시 리스본 인구 20만 명 중에서 3만에서 4만 명이
목숨을 잃었다고 추정한다. 이 재앙은 가톨릭이 우세했던 포르투갈에서
교회가 쇠락하고 계몽주의 사상이 확산되는 계기가 되었다.

걸린 태피스트리는 본보기가 될 만하니 잘 봐두도록 하자. 같은 건물에는 크고 작은 다른 관청들도 입주해 있다.

이제 리스본에서 가장 큰 광장인 **코메르시우 광장**Praça do Comércio011에 이르렀다. 옛 이름은 테헤이루 두 파수Terreiro do Paço(왕궁 뜰)이며 여전히 그렇게들 부른다. 영국인이 흑마 광장이라고 부르는 이 광장은 세계 최대의 광장 중 하나다. 드넓은 정사각형의 광장을 둘러싼 삼면에는 모두 아치형 석조물을 두른 똑같은 형태의 건물이 늘어서 있다. 우편전신국, 관세청, 법무장관실, 출입국관리소, 행정법원, 적십자사 중앙본부 등 주요 관공서는 모두 여기에 자리 잡고 있다. 남쪽을 바라보는 광장의 마지막 남은 면은 테주강을 향해 열려 있는데, 이 유역은 폭이 아주 넓고 지나다니는 배가 많다. 광장 한가운데 서 있는 주제 1세의 기마 청동상은 눈이 부시게 장엄하다. 조아킹 마샤두 드 카스트루가 포르투갈에서 1774년 제작했다. 높이는 14미터며, 기단부는 1755년 대지진 후 리스본 재건을 형상화한 조각으로 이루어져 있다.•

테주강을 바라보는 코메르시우 광장의 북쪽으로 길이 세 군데로 나뉘는데 그중 가운데 길에 위풍당당한 개선문[012]이 서 있다. 유럽에서 제일 큰 개선문이라는 데 의심의 여지가 없을 것이다. 1873년에야 완공했지만, 베리시무 주제 다 코스타가 개선문을 설계하고 짓기 시작한 것은 1755년의 일이다. 개선문 꼭대기를 장식하는 은유적인 조각은 카넬스의 작품으로, 영광이 재능과 용기에 승리의 관을 씌워주는 모습을 의인화한 것이다. 도루강Rio Douro과 테주강을 상징하는 양쪽의 누운 조각상과 누누 알바레스, 비리아투스, 폼발 후작, 바스쿠 다 가마의 조각상은 모두 빅토르 바스투스의 작품이다.

테헤이루 두 파수는 테주강을 건너는 배를 탈 수 있는 부두 중 하나이며, 오른쪽에 강을 바라보는 곳에 남부로 가는 열차가 서는 임시역이 있다.[••] 특히 항구에 들른 외국 군함의 선원들이 많이들 그러하듯 이 광장을 통해 리스본에 도착하는 이방인도 꽤 있다. 이 광장에도 마차와 자동차가 대기 중이다. 이 광장은 제일 까다로운 종류의 이방인에게도 상당히 좋은 인상을 주는 그런 곳이다.

- 광장 북동쪽의 마르티뉴 다 아르카다 식당(Martinho da Arcada)은 페소아의 단골식당으로 유명하다. 브라질레이라 카페 시절 이후 그는 1920년대와 1930년대 이 카페를 개인사무실처럼 들락거리면서 글을 썼다.
- • • 이 임시역은 현재는 없어졌다.

코메르시우 광장에서 북쪽으로 향하는 세 길 중 어느 길로 가도 시내 중심지로 갈 수 있다. 왼쪽 길은 오루 거리Rua Ouro(금金의 길)[013], 가운데 길은 개선문의 아치가 드리워진 아우구스타 거리Rua Augusta, 오른쪽 길은 프라타 거리Rua da Prata(은銀의 길)다. 우리는 상업과 금융의 중심지이며 이 도시에서 제일 중요하다고 할 수 있는 금의 길, 곧 오루 거리를 걸어 보자. 이 길에는 여러 은행과 식당뿐 아니라 없는 것이 없을 만큼 온갖 상품을 파는 상점이 즐비하다. 특히나 길이 끝나가는 북쪽으로 갈수록 상점들은 점점 화려해져서 프랑스 파리에 비견할 만하다.

이 길의 북쪽 끄트머리에 거의 다다르면 왼편으로 **산타주스타 엘리베이터** Elevador de Santa Justa[014] 가 보인다. 이 엘리베이터를 타고 올라가면 보이는 길이 산타주스타 거리인 탓에 그렇게 불린다. 엘리베이터에서 보는 '전망'은 출신지를 막론하고 전 세계 관광객의 찬탄을 자아낸다.

이 엘리베이터를 설계한 프랑스계 건축가 하울
메스니에르는 이외에도 여러 흥미로운 프로젝트를
설계했다. 전체가 철골조이며 매우 독특하면서도 가볍고
튼튼하다. 엘리베이터 두 대는 전기로 작동한다. 승강기를
타고 위로 올라가면 지금은 고고학박물관이 된 카르무
교회의 폐허, 카르무 광장015이 나온다. 엘리베이터가
멈추는 곳보다 더 위의 꼭대기까지 올라가려면 따로
허가를 받아야 하지만, 그곳에서는 리스본 전체와
테주강이 굽어 보이는 근사한 파노라마를 볼 수 있다.
엘리베이터는 전차회사 소유다.

호시우

이제 우리는 흔히 **호시우**Rossio016라고 부르는 동 페드루 4세 광장으로 향한다. 이 널찍한 직사각형 광장은 북쪽을 제외한 삼면이 모두 폼발리나 양식의 건물로 둘러싸여 있다. 리스본의 명실상부한 중심지로 대중교통 수단은 거의 모두 이곳을 지나간다. 광장 한가운데 서 있는 페드루 4세의 동상은 다뷰가 설계하고 엘리아스 로베르가 조각해 1870년에 제막되었다.

전체 높이가 27미터에 이르는 이 동상은 리스본에서 가장 높은 축에 속한다. 아래서부터 석조 받침과 대리석 기단부, 하얀 대리석 기둥, 청동상으로 구성되어 있다. 아래쪽에는 각각 정의, 용기, 분별, 절제를 상징하는 네 가지 형상과 포르투갈의 주요 도시 열여섯 곳을 나타내는 방패로 장식되어 있다. 동상의 남쪽과 북쪽에는 각각 화단으로 둘러싸인 청동제 분수가 있다.

광장의 북쪽에는 **알메이다 가헤트 국립극장**Theatro Nacional Almeida Garret017*이 보인다. 1846년에 세워진 이 건물은 이탈리아 건축가 포르투나토 로디가 설계했다. 여섯 개의 기둥으로 된 극장 전면이 인상적이다. 이 기둥들은 본래 상 프란시스쿠

---

* 마리아 2세 국립극장. 1846년에 개관한 이 극장은 1910년에서 1939년 사이에는 알메이다 가헤트 극장으로 불렸다.

다 시다드 교회의 일부였던 것을 가져온 것이다. 꼭대기의
질 비센트, 탈리아, 멜포메네 상 그리고 바로 아래 아폴로와
뮤즈 조각은 안토니우 마누엘 다 폰세카의 스케치에 따라
아시스 호드리게스가 조각한 것이다. 그 외에도 하루의 네
단계를 형상화한 조각 또한 마찬가지로 폰세카의 스케치를
아시스 호드리게스가 조각으로 구현해냈다. 이 모두가
이 건물을 흥미로운 것으로 만들어준다. 건물의 내부 또한
흥미로우며 콜롬바누가 천장화를 그린 극장 자체와 내부의
홀 또한 훌륭하다. 과거에 바로 이곳에서 종교 재판과
이단 심판이 벌어졌다.[*]

호시우는 인파와 차량으로 늘 북적거린다. 여러 전차
노선이 광장을 지나갈 뿐만 아니라 상점이며 호텔과 카페가
즐비하고, 포르투갈 철도회사 소속의 **리스본 중앙역**[018][**]에서
아주 가깝기 때문이다.

리스본 중앙역은 극장의 서쪽을 마주 보고 서 있다. 역사
전면부는 자잘하고 복잡한 장식으로 꾸며진 '마누엘리노'
양식으로 말굽 모양의 화려한 유리문을 선보인다.
역사 1층에는 일반 기차표를 파는 매표소와 안내소,

짐 보관소가 있다. 리스본에 언덕과 경사가 많다는 사실을
모르는 이방인은 당황할 수 있지만, 기차 승강장이 있는
제일 위층까지 계단으로 걸어서 올라가고 싶지 않으면
엘리베이터를 이용하면 된다. 제일 위층에는 근교로 가는
열차 매표소와 일반 매표소, 경찰서, 승객이 들고 가는
짐을 위한 보관소와 짐칸에 맡길 큰 짐을 위한 보관소가
있다. 꼭대기 층 혹은 역사 앞 인도는 12월 1일 거리Rua 1° de
Dezembro의 두 지점에서 올라올 수도 있다. 마차나 자동차를
탄 승객은 이쪽으로 들어와 지붕이 덮인 현관을 통해
역 안으로 들어간다. 이 근처에는 마지막 우편 열차가
떠나기 전까지 여는 우편전신국이 있다.

중앙역은 건축가 주제 루이스 몬테이루의 설계로
1887년부터 짓기 시작해 3년 후인 1890년 6월 11일에
정식으로 완공되었다.

그리하여 이제 우리는 이제 리스본의 한복판에 서 있다.
물길로 왔거나 기차를 타고 와 역 밖으로 나섰거나 오늘
안에 리스본을 떠나지 않을 것이라면 여기야말로 묵을
호텔을 고르기에 적당한 곳이다. 어지간한 호텔은 모두

• 매주 월요일 오전 11시에 극장 내부 투어가 진행된다. 8유로.
•• 호시우역(Estação Ferroviária do Rossio).

호시우와 그 주변에 있기 때문이다.

숙소를 정하고 나면 이방인은 자연스럽게 호텔을 나서
시내를 둘러볼 것이다. 호시우에서 동쪽으로 몇 발만
더 가면 리스본의 중앙시장인 **피게이라 광장** Praça da
Figueira [019] 이다. 예전에 이 자리에는 만성萬聖병원과 상 카밀루
수도원 등 다른 건물이 있었다.

시장은 늘 활기차고 북적거린다. 철골조에 유리로 지붕을
댄 건물에 수많은 가게와 노점이 길가와 건물 안에 늘어서
있다. 이곳을 방문하기 가장 좋을 때는 시장이 활기로
넘치는 아침이다.*

* 피게이라 광장의 큰 시장은 1950년대에 철거되었다. 현재는
  슈퍼마켓과 몇몇 상점이 남아 있다.

리베르다드 대로에서
캄푸 그란드까지

그러나 왔던 길을 되돌아가 중앙역으로 가도록 하자. 여기서
다시 북쪽으로 조금 더 올라가면 리베르다드 대로Avenida da
Liberdade, 더 정확히는 **헤스타우라도르스 광장** Praça dos Restauradores
(독립광장)[020]의 어귀에 들어선다. 이 '광장' 한가운데에
그 역사가 1640년으로 거슬러 올라가는 포르투갈 독립을
기리는 기념비가 있다. 기초, 기단, 오벨리스크의 총 높이가
30미터에 달하는 이 조형물은 안토니우 토마스 다 폰세카의
작품으로 1886년에 세워졌다. 기념비의 아래쪽은 독립
전쟁 중 각각 시몽이스 드 알메이다와 알베르투 누네스가
승리로 이끈 두 전투를 형상화했다. 그뿐만 아니라 1640년
포르투갈 독립 운동 이래 독립을 위한 주요 전투가 벌어진
날짜도 새겨놓았다. 이 '광장'에는 마차와 자동차, 옆에
좌석을 단 오토바이(툭툭)가 늘어서 있다. 조금 더 위로
올라가 글로리아 길Calçada da Glória 모퉁이에 팔라시우
포스Palácio Foz[021]라고 불리는 큰 건물이 보이는데 바로 여기에
헤스타우라도르스 클럽Club dos Restauradores이 있다.

1882년에 개통된 리베르다드 대로[200]는 리스본 최고의
대로다. 폭 90미터에 총연장 1,500미터의 이 대로는
시작부터 끝까지 가로수가 빽빽이 늘어선 데다 곳곳에 작은

정원이며 분수, 폭포, 동상이 있어 완만한 경사를 이루면서 인상적인 풍경을 만들어낸다. 리스본이 이런 발전을 거둔 것은 모두 당시 시장이었던 호사 아라우주의 공적이다.

이 대로가 시작되는 지점에서는 길 양쪽에 설치된 대리석 분수를 볼 수 있다. 거기서 좀 더 올라가면 양쪽에 폭포가 있고 그 주변은 호사스러운 식물이 둘러싸고 있다. 도루강과 테주강을 상징하는 형상에서 물이 공급된다. 좀 더 가다 보면 오른쪽에 작지만 재미있는 조각상이 보인다. 작가이자 언론인이었던 피녜이루 샤가스를 기리는 이 조각상은 그와 그의 작품 속 여주인공을 형상화한 것으로, 주간지 «말라 다 에우로파Mala da Europa»가 주도해 1908년에 세워졌다.

왼쪽으로 살리트르 거리Rua do Salitre 022와 만나는 지점에는 1923년 4월 9일에 착공한 세계대전 희생자 추모비가 한창 공사 중이다.* 그 앞에는 같은 방향에 아베니다팰리스 클럽이 있고, 그 뒤 살리트르 골목Travessa do Salitre을 통해 이동하면, 극장과 여러 오락거리를 즐길 수 있는 아베니다파르크가 나온다.

* 1931년에 완공되었다.

이 공원은 리베르다드 대로를 따라 계속 이어지다가 유럽,
아프리카, 아시아, 오세아니아 대륙을 상징하는 대리석
조형물에서 끝난다. 이 대로에는 극장 두 곳과 영화관 네
곳이 있고 카페와 제과점도 여럿이며, 으리으리한 저택들도
보인다. 여름이면 몇몇 카페가 중앙의 공원 구역까지
테이블을 내놓는다. 이 노천카페에 불이 환히 밝혀지고
음악까지 곁들여지면 여름밤은 그야말로 활기에 넘친다.

리베르다드 대로는 호툰다Rotunda 또는 정식 이름 **폼발
후작 광장** Praça Marquês de Pombal[023]에서 끝난다. 이곳에는
포르투갈의 위대한 정치인 폼발 후작을 기리는 동상을 한창
세우는 중이다.* 1882년 5월 8일 후작 사망 100주년에
루이스 1세의 명으로 시작된 이 공사는, 건축가 아당이스
베르무드스와 안토니우 코투가 설계하고 프란시스쿠 두스
산투스가 동상 제작을 맡아 진행 중이다. 동상의 총 높이는
36미터가 될 예정이며 바로 여기서 다섯 개의 대로가
만난다. 동상의 기단부는 18미터 깊이로 박힌 바윗돌 위에
세워진다. 건축 계획에 따르면 동상은 대지진으로 파괴된
리스본을 복구하고, 노예제를 폐지한 그의 공적을 고려해
영광을 상징하는 받침대 위에 세워진다고 한다. 또한 그를

도왔던 주요 인물들의 형상 또한 같이 세워질 계획이다. 그
명단은 다음과 같다. 주제 드 시아브라, 동 루이스 다 쿠냐,
리프 백작, 루이스 안토니우 베르네이, 히베이루 산셰스
박사, 마누엘 다 마야, 에우제니우 두스 산투스, 마샤두
드 카스트루. 그 외에도 이 위대한 개혁가의 주요 업적을
보여주는 여러 조각이 더해진다고 한다. 동상의 기단부는
화강암으로, 기둥은 짙은 색 대리석과 도금한 청동으로,
동상과 돋을새김은 청동으로 주조한다. 리스본을 상징하는
형상과 트로피, 독수리와 뒤쪽 지지부는 흰 대리석으로
만들어지고 글귀는 모두 도금한 청동으로 새겨서
마무리한다고 한다.

여기서 뻗은 여러 대로는 신新 리스본 구역으로 이어진다.
1910년 10월 3일 이른 새벽부터 5일까지 마샤두 산투스
장군이 이끄는 군대가 바로 이곳에서 왕정을 폐지하고
공화국 수립을 선포했다.

폼발 후작 광장에서 시작하는 대로 중에서 폰테스 페레이라
드 멜루 대로 Avenida Fontes Pereira de Melo 024를 따라서 화려하고
웅장한 저택들이 늘어서 있다. 그 가운데에서도 가장 눈에

- 1934년에 완공되었다.

띄는 곳은 백만장자 소투 마요르의 저택이다. 좀 더 길을 따라가다 보면 10월 5일 대로 Avenida 5 de Outubro[025]와 피네이루 샤가스 거리 Rua Pinheiro Chagas가 만나는 모퉁이에 건축가 노르트 주니오르가 설계한 화가 말료아의 집이 보인다.

이 대로는 **살다냐 공작 광장** Praça Duque de Saldanha[026]에서 끝난다. 이 광장에 위대한 진보주의자이자 장군이었던 살다냐 공작의 동상이 있으며, 광장의 이름 또한 그의 이름을 딴 것이다. 동상은 토마스 코스타와 벤투라 테하의 작품으로 1909년에 제막되었다. 동상 하단에는 승리를 상징하는 청동상이 있다.

이제 헤푸블리카 대로 Avenida da República[027]로 올라가보자. 잘 포장되고 가로수가 늘어선 이 대로에는 흥미로운 저택이 여럿 있다. 오른편에는 과감한 양식에 규모가 큰 **캄푸 페케누 투우장** Praça de Touros do Campo Pequeno[028]이 보인다. 1892년 건축가 안토니우 주세 디아스 다 실바의 설계에 따라 무어 양식으로 벽돌로 지었다. 투우장은 그 넓이가 5,000제곱미터에 이르며 관중석은 8,500석이나 된다.*

철길 아래 터널[029]을 지나 더 가보기로 하자. 우리는 아직 공사 중인 기념비와 또 만나게 된다. 헤푸블리카 대로가 끝나는 지점에 **이베리아 전쟁 기념비**[030]가 세워질 예정이다.•• 1808년에 이베리아 전쟁을 치르고 나서야 포르투갈은 외세의 지배에서 벗어났고 그 과정에서 수많은 민족영웅이 탄생했다. 포르투갈 최고의 기념비가 될 이 공사는 독립을 위한 대중봉기가 벌어진 지 100주년이 되는 해인 1908년에 시작되었다. 기념비 설계안은 공모를 거쳐 주제와 프란시스쿠 드 올리베이라 페헤이라 형제의 안이 선정되었다. 조각가 형과 건축가 동생인 이 형제는 우아하고도 아름다운 설계안을 내놓았다. 전체 높이는 16미터다. 이 형제는 포르투갈을 성城이자, 포르투갈 위인들의 판테온(신전)이자, 포르투갈인이 영웅적으로 지켜온 보물상자로 형상화했다. 바스쿠 다 가마와 카브랄이 이룬 지리상의 발견을 보여주고 이를 통해 애국심을 고취한다. 기단부 앞쪽에는 과거의 영광을 지키기 위해 봉기하는 민중, 왼쪽에는 전쟁으로 인한 고난과 혼돈, 뒤쪽에는 민중의 힘을 상징하는 사자가 전쟁의 폐허 위에서 쉬는 모습, 오른쪽에는 무너진 집과 교회 그리고 아버지 곁에 무릎을 꿇은 소녀가 운명을 한탄하는 모습이 각각 세워진다.

• 지금도 가끔 투우가 열리고 평상시에는 박물관을 방문할 수 있다.
10:00-18:00. 박물관+투우장 입장료 5유로.
•• 1933년에 완공되었다.

포르투갈 선조들의 묘 또한 보인다. 그 위에 제국주의의
독수리에 맞서 조국의 승리를 위해 깃발을 들고 싸우는
포르투갈인의 모습이 올려질 계획이다.

기단부는 모두 페루 피녜이루산産 흰 대리석으로, 상단은
병기창에서 청동으로 주조할 계획이다. 조각 작업은 모두
올리베이라 페헤이라가 프라이아 드 미라마르에 있는
작업실에서 진행한다.

이제 우리는 리스본에서 가장 아름다운 공원이라 할 **칼푸
그란드**Campo Grande 031에 들어선다. 길이 1킬로미터가량에
폭 200미터 정도인 이 자리는 본래 군사 훈련장이었으나
마리아 1세의 명으로 정원을 가꾸게 되었다. 여기서 우리는
흔히 보기 힘든 이국적인 나무들이며 아름다운 관상용
화초들을 볼 수 있다. 재미 삼아 배를 탈 수 있는 연못이
있고, 이 연못 복판의 작은 섬에는 뷔페식 식당이 있다.
스케이트장과 테니스장, 어린이용 그네, 초가 지붕을 한
정자, 야외음악당, 대여용 자전거 등도 있다. 흔히 라고아
두스 바르쿠스Lagoa dos Barcos(배들의 호수)라고들 부르는
이 연못 바로 앞 왼쪽에는 경마장이 있다. 넓은 터에

용도에 맞게 잘 지은 이 경기장에서는 다른 종류의 경주도 가능하다. 경마장은 길이가 1,500미터에 폭이 30미터고 세 종류의 관중석이 있다. 첫째는 공화국 대통령 전용석이고, 철근 콘크리트로 만든 다른 두 관중석은 경마 클럽 회원 전용석과 일반석이다. 일반석은 6,000명을 수용할 수 있다. 서서 보는 공간에는 거의 6만 명이 들어갈 수 있고, 경마장 안에는 뷔페와 경주마를 위한 공간이 따로 있다. 프랑스식 패리뮤추얼 시스템*도 벌써 도입되어 있다.

경마장 가까이에는 종합운동장을 지을 예정인데 그 크기가 스톡홀름 올림픽 경기장만큼 될 것이다. 이곳에서 올림픽에 출전할 선수들이 훈련을 하고 축구장, 폴로장, 골프장 등도 마련될 것이다.

경마장은 대중오락을 증진하고자 하는 리스본 스포츠맨의 주도로 1925년 7월에 문을 열었다. 공은 모두 그들에게 돌아가야 할 것이다.

몇 걸음만 더 가면 있는 카나스 샬레가 볼 만하다. 각종 줄기와 나무둥치로 지은 이 건물은 유화로 꾸며놓았고

* 이긴 말에 돈을 건 사람에게 수수료와 세금을 제하고 건 돈 전부를 나눠주는 방식.

수족관과 가치 있고 이국적인 식물로 꾸며진 정원이 딸려 있다. 이 샬레는 전 캄푸 그란드 관리소장이었던 안토니우 코르데이루 페이우의 감독 아래 지어졌다.*

캄푸 그란드 공원은 제일 인기 있는 일요일 나들이 장소 중 하나다. 일요일이면 공원 사이사이로 난 길을 따라 인파가 몰려들고 도로 왼쪽은 말과 마차로 분주하다. 공원 한쪽 끝에는 포르투갈 스포츠클럽의 축구장이 있고, 공원 뒤쪽으로 가면 왼쪽에 동 페드루 5세 구빈원과 보르달루 피녜이루 미술관Museu Bordalo Pinheiro**이 나온다. 그리고 하울 사비에르가 제작한 이 유명한 국민 예술가 보르달루 피녜이루의 청동상이 보인다.

* 공원 관리소장의 관저로 쓰이던 이 건물은 현재 철거되었다.
** 10:00–18:00. 월요일 휴무. 입장료 1.5유로. 일요일 오후 2시까지 무료 입장.

알파마

우리가 탄 자동차는 이제 헤푸블리카 대로로 되돌아가, 같은 이름의 병원[032]이 있는 에스테파니아 구역을 지나 알미란테 헤이스 대로Avenida Almirante Reis[033]를 건너 **세뇨라 두 몬트**Senhora do Monte[034]로 올라간다. 이 언덕에는 리스본 전경을 내려다볼 수 있는 최고의 전망대가 있다. 이곳은 야경은 물론 일출과 일몰 때도 장관이다. 이제 리스본 최고의 성당 중 하나가 있는 **몬테 다 그라사**Monte da Graça[035]로 가보자. 여기서 그 유명한 (브라질산 나무로 만든) '세뇨르 두스 파수스Senhor dos Passos'를 볼 수 있다. 이 형상의 이름을 딴 고난 행렬이 해마다 진행되었지만 공화국이 수립되면서 중단되었다. 돌을 깐 성당 앞마당에서는 세뇨라 두 몬트에서만큼 근사한 리스본과 테주강의 파노라마를 볼 수 있다.

보스 두 오페라리우 거리Rua da Voz do Operário[036]로 내려가서 우리가 탄 차는 또 다른 장엄한 성당, **상 비센트 드 포라 성당**Igreja de São Vicente de Fora[037] 앞에 선다. 이 성당에는 둘러볼 것이 참으로 많다. 성당 전면부는 17세기 르네상스 양식으로 벽감nitch에는 성 안토니오, 성 도미니코, 성 세바스티아노, 성 아우구스티누스, 성 비센시오, 성 노르베르토,

성 브루노의 상이 있다. 널찍한 계단을 올라가면 성당 안으로 들어갈 수 있다.

이 장엄한 신전은 1147년에 포르투갈의 첫 왕 아폰수 엔히케스가 지었고, 1627년에 건축가 펠리페 테르지의 설계로 재건축되었다. 성당의 외관도 외관이지만 내부 또한 빼어나다. 길이가 74미터에 폭이 18미터고, 양쪽으로 아름다운 소성당이 있는데 그중에서 흰 대리석에 금박으로 장식한 세뇨라 다 콘세이상 소성당이 특히 아름답다. 제단은 위대한 두 예술가 베네가스와 마샤두 드 카스트루의 공동 작품이다. 장엄한 성가대석에는 화려한 오르간이 있고, 제단과 회중석의 훌륭한 성화들은 아름답게 꾸며져 있다. 회랑은 아름다운 아줄레주Azulejo•로 장식되어 있고, 수도원 입구에는 마누엘 다 코스타가 복원한 V. 바카렐리의 작품들이 있다. 성당 테라스에서는 아름다운 테주강의 경치를 내려다볼 수 있다.

수도원 식당이었던 자리는 현재 브라간사 왕조의 판테온(묘)이 되었다. 페르난두 2세의 명으로 1855년 개조 공사가 이루어졌으며 1년 후 처음 이곳에 모셔진

• 유약을 발라 구운 채색 도자기 타일을 뜻한다. 15세기 이래로 건물의 벽을 장식하는 데 널리 쓰여 포르투갈 건축의 독특한 시각적 요소가 되었다.

왕족은 주앙 4세다.

입구는 성당 전면부에서 오른편 문이다. 이 문을 통해 옛
리스본 대주교궁의 회랑에 들어갈 수 있다. 오른편에는
리스본 제1, 2구역 행정 사무실이 있고 왼편으로 긴 복도를
절반쯤 가다 보면 주앙 5세의 명으로 만든, 상감 대리석으로
된 오래된 제의실이 있다. 그 앞에 돌계단을 따라가면 상
비센트 고등학교가 있다. 복도 끝에 커다란 마호가니 문을
열면 판테온으로 들어서게 된다. 복도와 연결된 입구는
17미터 길이에 폭은 4.5미터이고, 벽에 쓴 묘가 두 기 있다.
묘지의 주인은 영웅 살다냐 공작과 테르세이라 공작이다. 두
사람이 이룬 무공과 공적에 걸맞은 경의의 표시일 것이다.
테르세이라 공작 옆의 묘는 공작 부인의 것이다.

판테온은 길이가 36미터에 폭이 9미터고, 양쪽 측면에는
왕과 왕자의 유골을 담은 관이나 함을 둔다. 오른쪽에는
브라간사 왕조의 시조인 주앙 4세가 잠들어 있다. 브라간사
왕조는 1640년에 위대한 애국자 주앙 핀투 히베이루와
귀족 마흔 명이 준비한 혁명으로 시작했다.

복판에는 포르투갈 왕이자 브라질 황제였던 페드루 4세가 모셔져 있다. 그가 다스린 두 나라를 상징하는 의미에서 왕관 두 개가 유골함 위에 올려져 있다. 입헌군주파였던 페드루 4세는, 절대왕정파였던 남동생 미겔을 상대로 왕위쟁탈전을 벌여 승리했다. 그 옆에는 카를루스왕의 동생인 아폰수 왕자가 600킬로그램이 넘는 은제 관에 잠들어 있다. 그 앞은 카를루스왕의 관이다. 그는 1908년 2월 1일, 빌라 비소사에서 돌아오는 길에 지붕 없는 마차를 타고 코메르시우 광장011을 지나다가 흉탄 두 발을 맞고 숨졌다. 그의 치세 동안 포르투갈은 아프리카에서 몇 차례 빛나는 승리를 거뒀다. 모잠비크에서 모지뉴 드 알부케르크가 족장의 반란을 성공적으로 진압했고, 앙골라에서는 호사다스 소령이 쿠아마타족의 반란을 평정했다.

그 옆에는 같은 암살 사건에서 희생당한 카를루스왕의 아들 동 루이스 필리프의 묘가 있다.

양 측면에는 포르투갈 왕가의 주요 인물들이 안치되어 있다. 루이스 1세와 페르난두 2세가 카를루스와 아들처럼 나란히

크리스탈 뚜껑으로 된 유골함에 모셔져 있다. 페르난두 2세는 여기에 40년째 잠들어 있었지만 거의 변하지 않은 채로 남아 있다.

판테온은 해마다 20만 명이 넘는 추모객이 찾는 곳으로, 현재는 국교폐지법추진중앙위원회가 관리하고 있다. 위원회는 왕실 묘지를 잘 관리해온 공로를 칭찬받을 만하다. 주중에는 매일 오전 10시 30분부터 오후 5시까지 방문할 수 있으며, 입장료 1이스쿠두는 자선기금으로 쓰인다.*

상 비센트 광장에서 왼쪽으로 돌아 아치를 지나가면 널따란 **캄푸 드 산타 클라라**Campo de Santa Clara038와 만난다. 이곳에서는 화요일과 토요일마다 페이라 다 라드라Feira da Ladra(도둑시장)가 열려 온갖 잡동사니며 새 물건과 헌 물건을 살 수 있다. 이상한 물건도 많지만 장사치에게는 꽤나 이문이 남는 모양인지 좌판은 길가까지 길게 펼쳐진다. 가끔 예술적으로나 고고학적으로 가치 있는 골동품이 나오기도 한다. 이 광장을 지나가면 군사법원 오른쪽에 작은 공원이 있다. 다시 아래쪽으로 내려가면 오른쪽으로, 제대로 마무리만 되었더라면 17세기의 가장 아름다운 종교적 기념비가 되었을 건물이 있다. 이 건물, **산타 엥그라시아 성당** Igreja de Santa Engrácia⁰³⁹은 전체가 석조로 된 건물로 아름다운 대리석으로 장식되었다. 이 성당을 용도 변경해 국립묘지로 삼자는 논의가 있었지만 별다른 진척이 없는 상태다. 여전히 미완성이지만 눈여겨 봐둘 만한 건물이다. 현재는 군대의 무기고로 쓰이고 있다.**

더 아래로 내려가다 보면 무기공장 Fábrica de Armas이 보이고 바로 인접한 무기고가 나온다. 18세기에 지어진 해군병원도 이곳에 있다.

이제 우리는 미란트 거리 Rua do Mirante⁰⁴⁰로 들어서 디오구 두 코투 거리 Rua Diogo do Couto⁰⁴¹로 좌회전했다가 비카 두 사파투 거리 Bica do Sapato⁰⁴²로 나온다. 왼편으로 포수 두 비스푸 Poço do Bispo, 샤브레가스 Xabregas¹²⁸ 등 주거 지역과 공업 지역이 보인다. 가는 길에 1509년 레오노르 왕비가 세운 **마드르 드 데우스 수도원** Igreja da Madre de Deus⁰⁴³을 둘러볼 수 있다. 많은 부분이 복원되었지만, 여전히 성스럽고 아름다운 볼거리가 가득하다. 특히 예배당과 성가대석의 아름다운 상감세공과 성화를 잘 살펴보자.***

오른쪽으로 가면 포병박물관의 이름을 딴 광장에 들어서게
된다. 리스본산 제품들이 모이는 산타 아폴로니아 기차역
Estação Ferroviária de Santa Apolónia[044]도 이 광장에 속한다. 역
앞에는 군대의 무기고가 있고 이 건물 안에 **포병박물관**[045]이
있다. 이 박물관은 누가 뭐래도 리스본에서 가장 특별한
박물관이라 할 것이다. 1842년에 몬트 페드랄 후작이
세웠지만 박물관이 명성을 얻은 것은 1876년에 와서의
일이다. 당시 관장이었던 에두아르두 에르네스트 드
카스텔브랑쿠의 노력 덕분이었다. 이 박물관에는 눈여겨봐
둘 만한 전시품이 여럿이다. 대포를 비롯한 각종 화기,
인공호흡기, 총검뿐 아니라 전시실 자체의 벽장식, 초상화며
흉상, 훈장과 부조, 이베리아 전쟁 시절부터의 군복 모음이
그것들이다. 유럽, 아프리카, 아시아에서 포르투갈군의
작전에 이용되었던 (거의 300기에 달하는) 다양한 대포는
영광스러운 과거를 간직한 살아 있는 유물이다. 콜롬바누,
말료아, 벨로수 살가두, 카를루스 헤이스, 라말료, 루시아누
프레이르, 콘데이샤, 조르주 콜라수, 주앙 바스, 아카시우
리누, 소자 로페스, 팔캉 트리고수 등의 회화, 시몽이스
드 알메이다, 올리베이라 페헤이라, 소자 호드리게스 등의
조각. 이 모든 것이 이 박물관을 걸작의 보고로 만들어준다.

따라서 리스본에 온 방문객이라면 결코 놓쳐서는 안 된다.

앞서 말했듯이 포병박물관은 무기고 건물 안에 있다.
무기고의 역사는 18세기로 거슬러 올라가며 기차역을 향한
면에는 조각가 테세이라 로페스의 은유적인 조각상이
있다. 박물관은 월요일을 제외한 매일 오전 11시부터 오후
5시까지 연다.[•]

바이샤 Baixa, 즉 리스본의 중심 저지대로 돌아가는 길에
이 도시에서 가장 다채로운 구역이라고 할 수 있는
알파마 Alfama[129] 를 지난다. 이 오래된 어민 주거지는 아직 옛
모습을 그대로 간직하고 있다. 리스본에 여러 날 머문다면
절대 이곳을 빠트려서는 안 될 것이다. 이제 여기 말고는
어디에서도 옛 리스본의 흔적을 찾아볼 수 없기 때문이다.
알파마의 모든 것이 과거를 떠올리게 한다. 건축, 길의 형태,
아치와 계단, 목재 발코니, 사람들의 생활 방식 하나하나,
각종 소음과 떠드는 소리, 노래와 가난의 풍경, 흙먼지까지
이곳은 과거에 속한 것만 같다.

아프리카를 오가는 배를 대는 부두인 카이스 다 푼디상 Cais

• 군사박물관(Museu Militar de Lisboa). 10:00−17:00. 월요일 휴무. 입장료 3유로.

da fundição을 지나면 우리는 알판데가 거리_{Rua da Alfândega} ⁰⁴⁶에 들어선다.

오른편에 제일 먼저 비쿠스 골목_{Travessa dos Bicos}이 보인다. 이방인은 차에서 내려 **카사 두스 비쿠스**_{Casa dos Bicos} ⁰⁴⁷를 보러간다. 16세기에 지어진 이 건물은 대大 아폰수 드 알부케르크의 후손들의 소유다. 앞면이 온통 뾰족뾰족한 돌로 덮여 있는 탓에 다이아몬드의 집으로 불리기도 했다. 건축학적으로 봐둘 만한 가치가 있는 건물이다. *

이제 차로 돌아가자. 이 길을 더 따라 가다보면 **콘세이상 벨랴**_{Conceição Velha} ⁰⁴⁸라고들 부르는 눈여겨 봐둘 만한 교회가 나온다. 현관은 마누엘리노(포르투갈 후기 고딕) 양식의 섬세한 석조 장식. 반半부조로 성모 마리아, 마누엘 1세와 레오노르 왕비, 자선 단체 설립자들, 교황 레오 10세와 몇몇 성자와 주교 들이 새겨져 있다. 1520년에 건립된 이 교회는 여러 차례 지진에 시달렸으며, 1755년에 발생한 대지진으로 붕괴된 뒤 재건축되었다. 교회 내부에 굉장한 볼거리는 없지만 둘러볼 만은 하다.

몇 미터 더 가면 마달레나 거리Rua da Madalena049다. 우리가 탄 차는 이 길을 따라가다 오른쪽으로 꺾어 **리스본 대성당** Patriarcado de Lisboa050으로 향한다. 아주 오래된 이 성당은 언제 처음 지어졌는지조차 불분명하다. 무어인의 점령보다 훨씬 전이라고도 하지만, 아무리 오래되었다고 하더라도 정복왕 아폰수 엔히케스 때 지었을 것이다. 리스본을 강타한 여러 차례의 지진은 이 성당에 여러 흔적을 남겼다. 여러 차례 '복원'이 이루어졌지만 제대로 이루어졌다고는 할 수 없을 것 같다. 대성당의 현재 모습을 보면 복원된 부분에 대한 확실하고 일관된 계획 같은 것이 보이지 않기 때문이다. 지금은 더 조심스러운 방식으로 복원 공사가 한창 진행되는 중이다. 안토니우 쿠투가 책임을 맡은 이번 복원 공사로 대성당이 좀 더 예술적으로 통일된 모습을 갖추길 바란다.

대성당은 역사적으로 중요한 순간을 여러 차례 목격했다. 예컨대 1383년에 일어난 대중봉기** 때는 성난 군중들이 레오노르 왕비의 정책에 관여했다며 마르티뉴 아네스 주교를 탑 위에서 던져 죽이기도 했다.

• 현재는 1998년 노벨 문학상 수상자인 주제 사라마구의 기념관이다. 10:00 – 17:30. 일요일 휴무. 입장료 3유로.

•• 1383년에 페르난두 1세가 후계자 없이 죽자 왕위 계승을 둘러싸고 갈등이 벌어졌다. 왕비 레오노르가 사위인 카스티야 왕 후안 1세를 포르투갈 왕으로 인정하자, 누누 알바레스 페레이라가 이끄는 젊은 민족주의자들이 아비스 기사단의 주앙을 왕으로 추대하면서 벌어진 내전을 일컫는다.

대성당 내부는 꼼꼼히 들여다볼 만하다. 특히 세 회중석, 아치, 스테인드글라스, 1195년 파도바의 안토니오 성인이 세례를 받았다는 세례반, 바르톨로메우 조아네스 소성당, 마샤두 드 카스트루의 마구간 모형, 회화 여러 점도 볼 수 있다. 바르톨로메우 조아네스 소성당을 세운 주역들인 호드리구 다 쿠냐 대주교와 미겔 드 카스트루 대주교, 아폰수 4세와 카스티야의 산초 4세의 딸인 왕비, 로푸 페르난데스 파셰쿠와 둘째 아내 마리아 호드리게스 등의 묘지도 있다. 성가대석 꼭대기에서 내려다보면 대성당 전체를 한눈에 볼 수 있다.

대성당에는 금은보화로 만든 값진 각종 의례용 성물도 있다. 그 가운데 가장 눈길을 끄는 보물은 쿠스토디아 다 세°다. 총 90센티미터 높이에 금으로 된 몸체가 다이아몬드, 에메랄드, 루비를 비롯한 총 4,120개의 보석으로 장식되어 있다. 사각으로 된 받침은 무게가 75마르크(17,212킬로그램)에 달한다. 궁중 금세공장인 주제 카에타누 드 카르발류가 5년 6개월에 걸쳐 쿠스토디아를 만들어 주제 1세 앞에 선보이는 영광을 누렸다. 주제 1세는 궁정 소성당에 하사하기 위해 18콘투스(4,000파운드)를 들여 이 성물을 만들었다. 이 대단한 성물은 금으로 된 몸체에 다채로운 빛깔의 에나멜을 입힌 '펠리페의 십자가'로, 스페인 왕 펠리페 2세가 1619년 토마르 그리스도 수도원에 선물한 것이다. 박물관에는 각종 성물이 있지만 모두 일반에 공개되지는 않는다.

대성당을 지나 조금만 올라가면 여성 재소자용 교도소 **알주브** Aljube 051 ** 다. 예전에는 미겔 드 카스트루 대주교의 저택이었던 이 건물은 그 역사적 과거 말고는 우리의 관심을 끌만한 것이 없다. 길 맞은편 우리가 가는 방향의 맞은편에는 남성 재소자를 위한 교도소인 **리모에이루** Limoeiro (레몬나무) 052 가 있다. 이 거대한 건물이 현재 모습대로 지어진 것은 18세기에 와서지만, 이 장소는 그 이전의 포르투갈 역사에서 중요한 곳이다. 한때는 이곳에 파수 두스 인판테스 Paço dos Infantes (왕자궁)가 있었고, (아비스 왕조를 연 주앙 1세의 손에 죽은) 레오노르 왕비의 연인 안데이루 백작이 거주하기도 했다. 페르난두왕이 이곳에서 죽었으며, 리스본 시청과 법원이 이곳에 자리 잡은 적도 있다. 리모에이루는 리스본에서 가장 오래된 교도소로, 18세기부터 교도소로 쓰이기 시작했다. 몇 년 전 재소자들이 불을 질러 일부가 타버렸는데

- 쿠스토디아는 성체를 담는 용기를 가리킨다.
- ** 현재는 알주브 저항과 자유 박물관. 무료 입장. 살라자르 독재정권 아래에서 수많은 정치범이 이곳에 수감되었던 탓에 포르투갈 민주화운동을 상징하는 장소가 되었다.

그 부분은 아직 복구되지 않은 상태다.

리모에이루 바로 앞 사우다드 거리Rua da Saudade[053]를 따라
올라가면 **상 조르즈성** Castello de São Jorge[054]이다. 시간이
허락한다면 반드시 언덕 위의 성에 올라가 보라고 권하고
싶다. 성 위에서 테주강과 리스본 전체를 내려다보는 풍경이
일품이기 때문이다. 이 성에는 오래된 대문이 셋인데
각각 트라손Trason, 마르팅 모니스Martim Moniz, 상 조르즈São
Jorge 문이라고 부른다. 성 자체만으로도 굉장한 볼거리다.
무어인이 지은 두터운 성벽과 흉벽과 탑은 리스본
방어의 일환이었던 것 같다. 역대 왕들이 살았던 곳이자
포르투갈의 역사에서 중요한 여러 정치적 사건이 벌어진
장소이기도 하다.

비록 오늘날에는 수많은 건물이 성을 둘러싸 꽉 막힌
데다 군대 막사가 여기저기 널려 있고 함부로 개조하거나
지진으로 훼손되었지만, 여전히 과거의 원형을 그려보기에는
부족함이 없다. 성 위에서 내려다보는 풍경은 기가 막히게
근사하다. 성안의 주둔 부대 당직 장교에서 허락을 받아
성 안을 둘러볼 수 있다.*

* 여름 9:00-21:00, 겨울 9:00-18:00. 입장료 10유로.

다시
호시우와 시아두

상 조르즈성과 리모에이루를 둘러봤다면 이제 호시우[016]로
내려가자. 여기서 상 도밍구스 광장에 자리 잡은
웅장한 **상 도밍구스 성당**Igreja de São Domingos[055]을 둘러보며
감탄하는 시간을 가져보자. 이 교회는 대지진 후 건축가
마르델의 설계로 지어졌다. 왕실의 결혼이나 세례,
대관식, 장례 같은 중요한 국가행사는 여기서 열린다.
카를루스왕도 여기서 결혼했다. 짙은 대리석으로 된
제단과 아폰수 3세의 아들 아폰수 왕자의 묘,
주앙 드 바스콘셀루스 수사의 묘, 여러 소성당을 장식한
페드루 알렉산드리누의 성화 등을 잘 봐둘 만하다.

본래 이 자리에 있던 상 도밍구스 성당은 1755년 대지진 때
무너졌다. 바로 이곳에서 종교재판과 아우투 드 페auto-
da-fé•가 벌어졌다. 1506년에는 미사가 끝난 후 광신도들의
손에 수많은 유대인이 죽임을 당하기도 했다. 학살은
곧 리스본 전체로 퍼져나갔다.

여기서 에우제니우 두스 산투스 거리Rua Eugénio dos Santos를
따라가다 보면 자르딩 두 헤제도르 거리Rua do Jardim do
Regedor[056]와 모뉴멘탈 클럽을 만난다. 더 가다 보면 오른편에

1897년부터 **지리학회** Sociedade de Geographia [057]가 자리 잡은
으리으리한 건물이 나타난다. 1875년에 루시아누
코르데이루가 설립한 지리학회는 열성적으로 애국 활동에
공헌했다. 강연과 전시를 조직하고 의회정치를 지지하며
국가행사에 참여하고 지리학 탐험을 가는 등 다양한
활동을 벌인다.

지리학회 건물에는 흥미진진한 박물관이 있다. 식민지의
인류학적 자료들, 해군 유물, 갤리선과 아프리카 배들의
모형, 흉상을 비롯한 조각들, 갑옷, 화살과 기타 원주민
무기들, 군 원정대의 깃발과 걸개, 유명한 곳을 그린 유화들,
문서와 판각, 인도산 가구, 역사적인 가구, 야생동물의
가죽, 각종 직물과 커피, 고무, 목재 등 앙골라·모잠비크·
마카오·동티모르의 특산물, 원주민의 우상, 동물 이빨,
두개골, 조류, 포르투갈 각 지역의 민속 의상, 장갑, 석관
그 외에도 수천 종의 진기한 전시품이 현관부터 3층 건물의
계단, 대형 전시실 세 개와 소형 전시실 네 개, 이 건물에서
가장 큰 790제곱미터의 포르투갈 홀의 진열대를 가득 채우고
있다. 이 곳은 일요일마다 오전 11시부터 4시까지 일반에
공개되지만 특별한 공무가 있다면 주중에도 방문할 수 있다.**

같은 건물 안에 유럽에서 가장 큰 규모의 극장 겸
서커스장인 콜리세우 두스 헤크레이우스Coliseu dos
Recreios[058]도 있다. 바로 그 앞에 한때 팰리스클럽 소유였던
건물은 현재 리스본 상공회의소가 건물을 사들여
사용하고 있다.

우리가 탄 차는 다시 호시우를 지나 카르무 거리[059]와
(시아두Chiado로 더 잘 알려진) 가헤트 거리Rua Garrett[060]를
지나 이벤스 거리Rua Ivens[061]가 끝나는 지점에 멈춰
선다. 이 광장은 본래 1217년에 세워진 상 프란시스쿠
수도원이 있던 자리지만 지금은 국립도서관, 예술학교,
현대미술관뿐 아니라 (입구는 카펠루 거리Rua Capelo[063]를
향해 있으나) 시 정부도 이곳에 둥지를 틀고 있다.

1층에 자리 잡은 예술학교는 1837년에 개교해 회화, 조각,
판화, 건축 등을 가르친다. 콜룸바누, 카를루스 헤이스,
살가두, 루시아누 프레이르의 작업실도 여기 있다.

국립현대미술관Museu Nacional de Arte Contemporânea**(시아두 미술관**
Museu do Chiado)[062]은 1850년 이후의 회화와 조각을 엄선해

선보인다. 유화에는 크리스티아누 다 실바, 보르달루
피녜이루, 미겔 안젤루 루피, 토마스 J. 다 아눈시아상,
알프레두 드 안드라드, 비스콘드 드 메네세제스, 안토니우
마누엘 다 폰세카, 주제 호드리게스, 프란시스쿠 메트라스,
아시스 호드리게스, 비토르 바스투스, 시몽이스 드
알메이다, 알프레두 케일, 모레이라 하투, 실바 포르투,
본나트, 안토니우 하말료, 알베르투 베스나르드, 소자
핀투, 안젤, 주제 말료아, 파울 라우렌스, 콘데이샤,
카를루스 헤이스, 트리고수, 살가두, 주앙 바스, 아르투르
로헤리후, 무뇨스 데그라인, 소자 로페스, 콘스탄티네
페르난데스, 조각에는 코스타 모타 프란시스쿠 산투스,
테이셰이라 로페스, 시몽이스 소브리뇨, 모레이라 하투,
소아르스 두스 헤이스, 알베르투 누느스, 토마스 코스타,
안주스 테이셰이라, 회화에는 루피, 안토니우 카르네이루,
하말료, 보르달루 피녜이루, 소자 핀투, 빅토르 바스투스,
소자 로페스, 수채화에는 알베스 드 사, 호크 가메이루,
알베르투 드 소자, 엘레나 가메이루, 레이탕 드 바후스,
카를루스 본발로트 외에도 이 미술관에는 보고 감탄할
거리가 훨씬 더 많다.

국립도서관 Biblioteca Nacional 은 2층에 있다. 1796년에
왕립재판소 공공도서관으로 문을 열었다. 본래
검열위원회 즉 예수회와 왕립역사아카데미의 서가로
시작해 도서 기증과 구입을 통해 장서를 확대해왔다.
도서관에는 두 층에 걸친 열한 개실과 복도 열네 곳에
36만 여권의 장서를 소장하고 있다. 입구에는 마샤두 드
카스트루의 작품인 마리아 1세의 동상과 (주제 시몽이스
드 알메이다의 작품인) 카스틸류의 흉상 및 동 안토니우
다 코스타의 흉상이 있다. 16세기의 아줄레주가
볼 만한데, 이제는 사라진 산투 안드레 성당의
세뇨라 다 비다 소성당을 장식하던 타일이다.

장서가 보관된 두 층 아래는 열람실이다. 개인연구실과
공공열람실, 도서목록실, 정기간행물실, 검토실이
마련되어 있다. 위층에는 인쇄사무소, 사무실, 제판製版부,
희귀문헌실 등이 있다. 희귀문헌실은 희귀문서와 전기체
고문헌, 독특한 판이나 제본이나 삽화, 원고, 동전, 각종
필사본 등 조심해서 다뤄야 할 문서 자료를 소장한다.
그러나 희귀문헌실의 문헌뿐 아니라 이 도서관의 모든
장서가 적절한 관리를 받고 있다는 점 또한 밝혀두어야 할

것이다. 도서관은 늘 청결하고 장서 배치 또한 훌륭한데
이 건물이 본래 도서관으로 지어지지 않았다는 점을
생각하면 더 감탄할 만한 일이다. 특히 얼마 전 유명한
시인이자 작가인 자이므 코르테상이 수석 사서가 된 후
한층 더 나아지고 있다.

방문객은 현존하는 마인츠 혹은 구텐베르크판 성서 초판
두 부 중 한 부를 소장한 특별성서보관실, 지도와 해도가
보관된 해군 및 해외 문서보관소, 분류실, 기도실까지
원형을 그대로 보존해둔 바라토주 수도원 도서관, 방 이름을
딴 작가의 흉상이 있는 (조카인 소 코스타 모타의 작품)
피알류 드 알메이다실※ 등도 방문할 수 있다.

이 건물 옥상에는 전망 좋고 널찍한 테라스가 있다.
도서관은 평일에는 오전 11시부터 오후 5시까지, 오후 7시
30분부터 10시까지 연다. 이벤스 거리 한복판에서
갈라지는 카펠루 거리[063]로 내려가면 (프랑스의
도Prefecture에 상응하는) 시 정부와 만난다. 이 건물에는
(군)총사령부와 경찰의 몇몇 부서가 있고 1층에는
여권사무소가 있다.•

좀 더 길을 따라가다 보면 디렉토리우 광장_{Largo do Directorio}에 자리 잡은 **상 카를루스 극장** Teatro Nacional de São Carlos ⁰⁶⁴ 과 만난다. 리스본의 부유한 상인과 자본가 들이 부르봉의 카를로타 호아키나 공주에게 헌정한 건물로 주제 다 코스타 이 실바가 설계했다. 1792년 12월 8일에 공사를 시작해 여섯 달 만에 마치고 1793년 6월 30일에 치마로사의 오페라 ‹라 발레리나 아만테_{La Ballerina Amante}›를 개관 공연으로 올렸다.

일류극장으로 꼽힐 이 극장에서 세계 최고의 성악 가수들이 공연했다. 이곳을 거쳐 간 가수로는 타마뇨, 가야레, 파티, 바티스티니, 본치, 바리엔토스, 카루소, 티타 루포, 레지나 파치니, 프란치스코, 안토니우 드 안드라드 등이 있다. 지휘자는 생상스, 토스카니니, 마스카그니, 스트라우스, 리스트, 마치넬리, 레온카발로, 빅토리노 기, 툴리오 세라핀 등이다. 입구의 아치 위에 테라스가 있는 건물의 건축 자체도 흥미롭다. 현관부터 이어지는 대기실의 천장화(시릴루 볼크마르 마샤두의 작품)는 현재 치장 벽토, 문장, 장식, 오페라 초연을 알리는 판넬들, 대리석 기둥과 엇비슷한 장식들에 가려 잘 보이지 않는다.

계란형의 극장 내부는 섬세하게 설계되었다. 마누엘
다 코스타의 작품인 실내 장식은 매끈하고 극장의 음향
시스템은 흠잡을 데가 없다. 5층짜리 박스석과 널찍한
객석은 관객에게 어떤 불편도 주지 않고 600명을 수용할 수
있다. 둘레가 10.9미터에 이르며 전구 284개가 달린 거대한
샹들리에가 천장 한가운데 달려 있다. 2층에도 널찍하고
우아하게 장식된 홀이 있다.

상 카를루스 극장을 짓는 데는 166콘토스
(36,880파운드)가 들었으며, 현재 터는 1816년 2월 13일에
불타버린 나폴리 극장이 있던 자리로 1854년부터
국유 재산이었다. 현재 극장을 오페라가 아닌 극단들이
점유하고 있는데 안타까운 일이 아닐 수 없다.●

이제 가혜트 거리[060]로 들어서 두아스 이그레자스 광장
Largo das Duas Igrejas으로 올라가보자. 왼편에 **시아두 시인**Poeta
Chiado **상**[065]이 우리를 기다리고 있다. 시아두 시인은
16세기의 사제 안토니우 두 에스피리투 산투에게 사람들이
붙여준 이름이다. 그는 당대의 흥을 체현하는 최고 인기
시인이 되려고 사제복을 벗었다. 조각상은 대大 코스타

모타의 작품이며, 시의회의 결정으로 세우기로 해 1925년
12월 18일에 제막되었다.*

우리는 **루이스 드 카몽이스 광장** Praça Luis de Camões 066 에
들어선다. 이 광장 한가운데 위대한 시인 카몽이스의 동상이
서 있다. 조각가 빅토르 바스투스의 작품으로 1867년에
제막되었다. 대大시인의 청동제 동상 아래 기단부는
역사가 페르낭 로페스, 연대기 작가 고메스 이아네스 드
아주라라, 천지학자 페드루 누네스 역사학자 페르낭 로페스
드 카스타녜다와 주앙 드 바후스 그리고 시인 제로니모
코르테 헤알, 바스쿠 모지뉴 드 케베두, 프란시스쿠 드 사
드 메네제스의 석조상이 둘러싸고 있다. 이 동상은 높이가
11미터이며 그 주변 광장에는 깃털 달린 방문객들이
무리 지어 몰려든다.

알레크링 거리 Rua do Alecrim 067 를 따라 내려가면 바랑 드
킨텔라 광장 Largo do Barão de Quintela 에서 소설가 **에사 드
케이루스** Eça de Queiroz **상** 068 과 만난다. 조각상은 테셰이라
로페스 작품으로 1903년에 제막되었다. 대리석으로 된
이 조각상**의 핵심 요소는 '진실'을 상징하는 여인이다.

여인은 하늘하늘한 천으로 몸을 절반쯤 가린 채다. 여인의
약간 위쪽 뒤편에서 작가의 흉상이 내려다보는 구조다.
받침대에는 조각가가 영감을 얻은 이 위대한 작가의
인용문이 새겨져 있다. "진실이라는 강력한 벌거벗음과
환상이라는 투명한 베일에 관하여."

다시 가헤트 거리로 돌아가 왼쪽으로 가면 **카르무 광장** Largo
do Carmo[015]이다. 이 자리에 있던 카르무 수도원은 1389년에
위대한 군인 동 누누 알바레스 페레이라가 알주바호타
전투에서 한 맹세를 지키기 위해 지었다. 이 설립자는
신앙을 고백하고 사후 여기에 묻혔다. 그 뒤 상 비센트 드
포라 성당으로 옮겨져 보존되었고, 1918년에 제로니무스
수도원으로 이장되었다가 다시 카르멜 수도회 성당으로
옮겨져 현재는 그곳에 있다.

카르무 수도원 교회는 큰 회중석이 셋 있는 굉장한 규모의
교회였으나 대지진 때 일부가 무너졌다. 과거 수도원이었던
건물의 절반 이상은 현재 공화국 군대의 막사로 쓰이고 있다.

옛날 교회와 연결된 부분은 현재 고고학박물관이 되어

- 시아두 시인 상 바로 맞은 편에 유명한 브라질레이라 카페가 있다.
- •• 현재는 복제품인 청동상.

묘지, 동상, 금석문, 토기, 동전 등을 전시한다. 그중에서도 다음 전시품은 각별한 관심을 가지고 봐야 할 것이다. 14세기에 주앙 1세가 세례를 받은 세례문과 페냐 롱가 수도원에서 온 무어인의 대야, 로마에서 호세 안토니우 드 아기아르가 조각했으나 세워지지 못한 마리아 1세의 대리석상, 상 라자루의 돌십자가, 후이 드 메네제스의 묘지, 도나 이사벨 드 리마의 묘, 곤살루 드 소자와 상 프레이 질의 묘, 제로니무스 수도원의 창문, 성 요한 네포무세네 조각상, 페르난두왕의 묘, 셀라스 수도원과 산토 엘로이에서 가져온 16세기 아줄레주, 대지진 당시 부서진 누누 알바레스 페레이라 묘의 나무 모형, 수많은 동전, 메달, 미이라 두 구 등이다. 여섯 개의 둥근 아치로 된 입구는 당대 최고의 건축 중 하나다. 지금은 고고학협회가 이곳에 있다. 고고학박물관은 월요일을 제외하고 매일 오전 11시에서 오후 5시까지 문을 연다. 입장료는 1이스쿠두다.[*]

• 10:00-18:00. 월요일 휴무. 입장료 4유로.

알파마[129]의 골목 풍경.
1946년.
Toni Frissell (US Library of Congress).

상 페드루 드 알칸타라[070]에서 내려다본 리스본 풍경.
1919년.
George Grantham Bain Collection (US Library of Congress).

상 카를루스 극장[064] 내부.
1893년경.
Arquivo Municipal de Lisboa.

아우구스타 거리. 코메르시우 광장[011]에서 시내로 가는 세 길 중 가운데 길.
1890년.
출처 불명.

리스본 대주교 안토니우 멘드스 벨루의 취임식 행렬이
산투 안토니우 성당 앞을 지나고 있다.
1908년.
Joshua Benoliel (Arquivo Municipal de Lisboa).

리스본의 어시장.
1895년.
Jenny Bergensten (Hallwyl Museum).

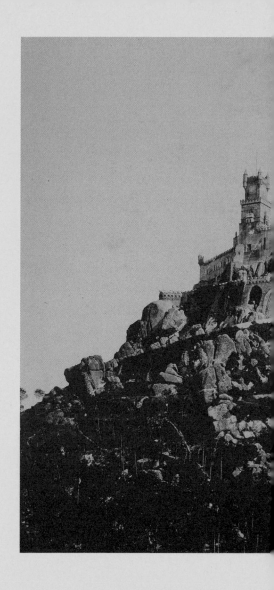

신트라의 페나궁.
1895년.
Jenny Bergensten (Hallwyl Museum).

호시우[016] 또는 동 페드루 4세 광장.
동상 뒤로 마리아 2세 국립극장[017]이 보인다.
1895년.
Jenny Bergensten (Hallwyl Museum).

리베르다드 대로[200] 초입의 헤스타우라도르스 광장[020].
1895년.
Jenny Bergensten (Hallwyl Museum).

제로니무스 수도원[112]의 서쪽 출입구.
1888–1889년.
Constantin Uhde, *Baudenkmäler in Spanien und Portugal*,
Berlin: Verlag von Ernst Wasmuth, 1892.

제로니무스 수도원[112]의 회랑.

1888–1889년.

Constantin Uhde, *Baudenkmäler in Spanien und Portugal*,

Berlin: Verlag von Ernst Wasmuth, 1892.

86 LISBOA. Ponte electrica sobre a doca

알칸타라 부두의 다리.
1920년대.
Alvaro Torres.

lcantara.

벨렝탑[003].
1954년경.
Mário Novais (Biblioteca de Arte Fundação Calouste Gulbenkian).

바이후 알투

우리가 탄 차는 이제 트린다드 코엘류 광장 Largo Trindade Coelho에 자리 잡은 **상 호크 성당** Igreja de São Roque[069] 으로 향한다. 이 성당의 역사는 16세기 말로 거슬러 올라가며 펠리페 테르지가 설계를 맡았다. 성당의 일부는 대지진 뒤에 다시 지어졌다. 성당 외부보다 내부가 훨씬 호화롭고 흥미로운데 특히 목재 천장에 그려진 1588년 작 천장화, 대리석으로 된 모자이크 장식, 다채로운 빛깔의 타일과 금세공 장식, 벤투 코엘류 다 실베이라, 가스파르 디아스, 비에이라 루시타누의 아름다운 성화를 눈여겨 보아둘 만하다. 성당 안 묘지의 주인공들 중에는 주앙 드 카스트루의 아들인 안토니우 드 카스트루(1632년), 프란시스쿠 수아레스 박사(1617년), 초대 리스본 대주교 토마스 드 알메이다, 포르투갈에 예수회를 세운 시망 호드리게스 신부(1579년) 등이 있다.

그러나 이 성당을 중요하게, 아니 독특하게 만드는 것은 세례 요한 소성당 Capela de São João Baptista이다. 이 소성당은 주앙 5세의 명으로 로마에서 제작되어 교황 베네딕트 14세의 축성祝聖을 받은 다음 리스본으로 가져와 1749년에 다시 설치되었다. 어디에도 이 소성당과 비교할 만한 것은 없을 것이기에 물질적인 가치뿐 아니라 예술적으로도 경이로운 작업이다. 여러 훌륭한 작품으로 널리 알려진 이탈리아 건축가 살비 에 반비텔리가 설계를 맡았으며 조각, 모자이크, 금속 공예 등 각 분야에서 당대 최고의 예술가들이 모두 이 소성당 제작에 동원되었다.

세례 요한 소성당은 대리석과 청동을 최대한 활용한 최고 수준의 예술 작품이다. 기막히게 아름답고 다채로운 색상의 대리석이 여기저기 배치되었고 각종 장식, 문장, 왕실 문장, 모노그램의 재료로 청동이 쓰였다. 제단은 형형색색의 최고급 이탈리아제 대리석으로 만들어져 그 자체로 감탄을 금치 못하게 한다. 그 결과, 예술가가 된다는 것이 무엇인지 잘 알았던 한 포르투갈 왕에 대한 기억은 사라지지 않고 영원히 지속된다.

입구의 아치와 고해소뿐 아니라, 마수치가 밑그림을 그리고 모레티가 그린 성화 ‹예수의 세례› ‹성령강림› ‹수태고지›도 잘 봐둘 만하다. 이 성화들은 모자이크 기법으로 그려졌다. 옆문과 입구 또한 아름다움에서 뒤지지 않는다.

예술적 안목이 있는 이방인이라면 아름다운 장식의 촛대에 눈길을 뗄 수 없을 것이다. 이 은과 청동으로 된 걸작은 시모네 밀리에, 리치아니, 피에트로 베르샤벨트 같은 예술가들의 작품이다. 이 촛대 여섯 개와 도금한 청동제 십자가가 제단의 핵심 요소를 이룬다.

이제 성당 부속 박물관으로 가보자. 박물관은 우리가 막 방문한 소성당의 일부였던 귀중한 가구와 장식들을 소장하고 있다. 향로, 성유물함, 십자가 등 이 귀중한 금속 공예품들의 광휘는 다른 어떤 나라도 가져보지 못한 자랑거리다. 그리고 이방인은 은제 횃불 거치대 두 개를 놓치지 말아야 할 것이다. 유명한 주세페 갈리아르디의 작품 횃불 거치대가 박물관 밖으로 나간 적은 딱 한 번, 공화국의 불운한 대통령 시도니우 파이스의 장례식 때였다. 그는 1918년 12월 14일 호시우역에서 북쪽 지방으로 가는 급행열차를 타려다가 암살당했다. 횃불 거치대는 한 개가 380킬로그램, 2.85미터에 달한다.

세례 요한 소성당을 제작하는 데 든 비용은 금화로 225,000파운드에 달했다. 시대를 막론하고 엄청난 금액이며 제작 당시에는 더욱 그러했을 것이다.

박물관은 매달 마지막 일요일에만 일반에 공개되지만,
성당 측의 허락을 미리 받으면 언제라도 방문할 수 있다.
소자 비테르부와 R. 비센트 드 알메이다가 작성한
상세한 카탈로그가 있다.•

밖으로 나와 우회전해서 조금 더 가다보면 리스본
전체에서 가장 빼어난 전망을 볼 수 있는 **상 페드루 드
알칸타라** São Pedro de Alcântara[070]에 이른다. 여기서는 리스본의
일곱 언덕 중 동쪽에 자리 잡은 카스텔로, 그라사,
세뇨라 두 몬트[034], 페냐 드 프란사 Penha de França와 저지대의
상당 부분 그리고 그 너머 바헤이루 Barreiro, 알코셰트
Alcochete와 남쪽으로 이어지는 잔잔한 테주강까지 보인다.
주변 산책로에는 나무가 늘어서 있고 언론인
에두아르두 코엘류의 작은 흉상이 세워져 있다.
전망대를 떠나 돌계단으로 내려가보면 전망대의
아래층이라 할 수 있는 정원에 들어선다. 이 정원에는
이국적인 식물과 조각, 연못, 공공 야외도서관이 있어
휴식과 명상에 최적의 장소다.

• 현재 박물관은 매일 공개. 영어 가이드는 화요일 15:00,
  금요일 11:30과 16:30, 토요일 10:00, 일요일 15:00. 입장료 2.5유로.

동 페드루 킨투 거리Rua Dom PedroV를 따라 올라가면 곧

리우데자네이루 광장에서 **프린시프 헤알 공원** Jardim do Príncipe

Real[071]과 만난다. 세심한 조경 계획과 철저한 관리 덕분에

이 공원은 리스본 최고의 공원 가운데 하나라 할 만하다.

이국적이고 아름다운 나무가 여럿 있는데, 그중에서도

가장 인상적인 것은 옆으로 넓게 퍼지며 자란 향나무다.

이 나무 둘레로 넓게 퍼져나가는 가지를 철제 받침대로

받쳐놓아 그 아래로 족히 수백 명은 들어갈 만한 그늘을

만든다. 나무 아래에 야외 공공도서관도 있다. 시정부가

시민 알레산드르 페헤이라의 건의를 받아들여 리스본의

공원에 설치한 야외 공공도서관 중 한 곳이다. 왼편에는

유명한 언론인 프란사 보르제스를 기리는 조각이 있다.

조각가 막시미아누 알베스의 작품으로, 거친 돌 여러 개를

쌓아 올려 만들었다. 오른편에는 공화국을 상징하는 여인이

이 위대한 선전 선동가의 얼굴을 다정하게 쳐다보고 있다.

이 조각은 1925년 11월 4일에 제막되었으며 그 후로

이 공원은 공식적으로 이 민주주의자의 이름을 쓰게 되었다.

가던 길을 계속 가다 보면 오른편에 지금은 자연과학대학인

폴리테크니카 학교 건물이 나온다. 이 건물은 1844년

예수회 수련원 소유의 땅에 세워졌다. 학교와 붙은 건물 일부는 **동물학박물관** Museu du Bocage[072]이다. 이 박물관은 진기한 생물을 다수 전시하고 있어 볼 것이 많다.

포르투갈실에는 신기한 물고기들이 있다. 카를루스왕이 파수 드 아르쿠스에서 잡았다는 길이가 8.4미터에 달하고 둘레가 3.6미터에 달하는 괴상한 물고기며, 페니시 해변에서 잡혔다는 거대한 거북이도 볼 수 있다. 포르투갈실 옆 포르투갈령 아프리카실에는 여러 중요한 종들을 보관하고 있다. 포유류실에는 전 세계에서 수집한 다양한 동물 표본이 있으며 조류실, 무척추 동물실 등도 마찬가지다. 포유류, 조류, 파충류, 어류 등 박물관이 소장한 동물 표본은 2만 점이 넘으며 곤충 표본은 5만 점이 넘는다. 엄청난 규모의 조개류 전시 또한 잊지 말아야 할 것이다.

현재 건물 전체가 대대적인 개보수 중이고 박물관 또한 전시 준비 중이라 일반에 공개된 적은 아직 없다. 그러나 따로 방문을 요청하면 매일 오후 12시 30분부터 6시 30분까지 관람이 가능하다.

- 현재 국립자연사과학박물관(Museu Nacional de História Natural e da Ciência). 주중 10:00–17:00. 주말 11:00–18:00. 월요일 휴무. 입장료 5유로.

동물학박물관은 건물 2층이며 1층은 식물학, 지질학,
광물학박물관이다. 특히 광물학박물관 전시가 볼 만한데,
거대한 구리 원석이 특히 흥미로운 볼거리다. 이 구리 원석은
일부가 적동석에 가려졌으며 무게는 1,224킬로그램에
달한다. 브라질의 바이아에서 120킬로미터 떨어진
카슈에이라 인근 마모카부에서 1792년 이전 포르투갈로
가져온 것이다.

이 건물에 연결된 **식물원** Jardim Botânico [073] 은 리스본에서는
물론, 외국인들의 평에 따르면 유럽 전체에서도 가장 그림
같은 공원이다. 이 식물원에는 전 세계 각지에서 온 다양한
식물이 있다. 경사진 언덕에 자리 잡고 있는데 이 점이
이 식물원의 빼어난 점 중 하나다. 경사를 적극적으로
활용해 각기 다른 식생을 보여주게끔 짜여 있어 전체적으로
에덴동산 같은 광채를 느낄 수 있다. 안에는 연못, 작은
폭포, 시냇물, 다리, 미로, 훌륭한 온실 등이 있다. 위쪽에는
1863년에 세운, 동 루이스 왕자의 이름을 딴 기상관측대와
천문관측대 Observatório Astronómico [074]•도 있다.

식물원을 지나 아래쪽 문으로 나가 알레그리아 광장Praça da Alegria[075]을 통해 리베르다드 대로[200]로 내려갈 수도 있다. 그러나 우리는 다른 길로 나가보자. 폴리테크니카 학교 거리Rua da Escola Polytéchnica로 나와 몇 미터만 더 걸어가면 **국립출판국** Imprensa Nacional[076]이다. 건물에 특별한 구석이 있지는 않지만, 널찍하고 처음부터 용도에 맞게 설계 건축되었다. 조판소와 인쇄소뿐 아니라 활자제작소도 잘 설치되어 있다. 모든 공문서는 여기서 인쇄된다. 출판국은 현 국장 체제에서 최근 몇 년 사이에 눈부신 발전을 보여주었다. 이곳에는 한때 아르쿠 두 세구 문학의 집에 있던 유화 여러 점이 있으며 자료 수천 점을 갖춰놓은 도서관도 있다.

• 천문관측대만 1946년 폐쇄되었다.

에두아르두 7세 공원과 수도교

이제 방향을 바꿔 상 마메드 광장Largo de São Mamede[077]과 오른편의 파멜라 공작궁을 지나면, 여러 전차 노선이 만나는 브라질 광장에 이른다. 이 광장에서 상 필리프 네리 거리Rua de São Filipe Nery[078]를 거쳐 아르틸랴리아 웅(제1포병대) 거리Rua de Artilharia Um[079]에 들어서면 왼편에 한때 제1포병대가 주둔했던 막사[080]가 있다. 그 탓에 길 이름도 포병대 거리지만 지금은 공화국 군대가 주둔한다. 오른편에 드넓게 펼쳐진 공간은 **에두아르두 7세 공원**Parque Eduardo VII[081]이다. 1917년 12월 5일, 바로 이곳에 시도니우 파이스가 리스본 수비대의 여러 연대를 규합해 진을 치고 노르톤 드 마투스가 국방부 장관으로 있던 '민주' 정부를 무너뜨렸다. 다른 크고 작은 '혁명'적 세력들도 리스본과 테주강이 한눈에 내려다보이는 이 전략적 요충지를 봉기의 장소로 택해왔다.

마르케스 다 프론테이라 거리Rua Marquês da Fronteira[082]로 들어서 걷다 보면 **리스본 교도소**Cadeia Nacional de Lisboa[083]를 지나게 된다. 이 건물은 히카르두 줄리우 페하스의 설계로 1874년에 세워졌다. 앞면 중앙부에는 감시탑이 두 개 있고, 건물 내부는 각 동이 중앙에서 만나는 일종의 별 모양으로 되어 있어 감시하기 쉬운 구조다. 이 거대한 건물에는 감방 474실, 병실 22실, 징벌방 12실, 공예품을 만드는 작업장 26실이 있다. 작업장에서 만드는 물건 중 일부는 주요 업체들에 공급되기도 하고, 이 제품들을 일반에 판매하는 부서가 따로 있기도 하다. 내부에는 특이한 박물관이 있어서 범죄에 쓰인 흉기들을 따로 전시해 이상하고도 다양한 무기를 볼 수 있다. 권총, 소총, 각종 칼뿐 아니라 본래 살인에 쓰일 용도로 만들어진 것이 아닌 기상천외한 흉기들도 있다. 매주 일요일 오전 9시부터 정오 사이에 일반에 공개되지만 다른 시간에도 방문 허가를 받기는 어렵지 않다. 다만 신청은 직접 방문해서 해야 한다.*

여기까지 왔다면, 교도소 앞의 드넓은 터에 자리 잡은 리스본 최고의 공원인 에두아르두 7세 공원[081]을 지나쳐서는 안 될 것이다. 특히 이 공원의 **식물원**[084]은 리스본의 자랑거리라 할 수 있을 정도로 아름답다. 인근에 사는 사람들이 식물원에 잘 오지 않을뿐더러 식물원의 존재 자체조차 모른다는 사실은 정말이지 이상한 일이다. 이 잘 알려지지 않은 장소는 대자연이 최고의 관상식물을 엄선해 선보이고, 소박하지만 천재적인 예술가가 신중하게 고른 초록빛과 꽃으로 우리 눈을 즐겁게 하는 곳이다.
식물원에는 수천 종의 이국적인 식물이 자라고 있어
그 가치를 돈으로 환산할 수 없다. 식물원은 일요일과
공휴일에는 오전 8시부터 오후 7시까지 문을 열고 입장료는
1이스쿠두다. 평일에는 오전 8시부터 오후 5시까지 열고
입장료는 무료다.**

온 길을 되돌아가 왼쪽으로 나 있는 캄폴리드 거리Rua
de Campolide[085]로 내려가다 보면 **수도교** Aqueducto das
Águas Livres[086]가 보인다. 이 고대 도시공학의 놀라운
결과물은 지금도 여전히 경탄의 대상이다. 총 길이는
59.838킬로미터고 그중 4.65킬로미터가 지하에 있는
거대한 구조물이다. 아치는 109개이며 채광창은 137개이다.
그중에서도 가장 중요한 부분이 바로 알칸타라강 위로
캄폴리드 거리를 지나는 바로 이곳이다. 총 길이 941미터에
아치 서른다섯 개로 되어 있고, 중앙의 아치는 높이가
최대 65.29미터에 폭이 28.86미터에 달한다.

이 수도교는 진정한 사적史蹟이자 유럽에서도 이런
종류로서는 최고의 장관이라 언제나 외국인의 관심을

- 여전히 법무부 소속의 교도소로 이용되고 있지만 이제 일반에 공개하지는 않는다.
- ** 식물원 에스투파 프리아Estufa Fria. 10:00-19:00. 매일 개장. 입장료 3.1유로.

끌어왔고 그 가치에 걸맞은 찬사를 받아왔다. 1729년에 기공해 20년에 걸쳐 완성되었다. 이 대역사役事의 설계자는 마누엘 드 마이아와 쿠스토디우 비에이라였고, 총공사비는 1,300만 크루사두(50만 파운드가량)로 당시로서는 천문학적인 금액이었다. 한때 수도교 위를 가로질러 걸을 수 있었으나, 몇 차례 자살 사건과 범죄가 벌어진 뒤로는 폐쇄되었다. 그러나 경비의 허락을 받으면 들어갈 수 있다. 쉽게 짐작하겠지만, 수도교 위에서 내려다보는 광경이 장관이다.•

지금까지 우리는 수도교를 앞쪽에서 보았다. 수도교 뒤편 저 끝에는 세하 드 몬산투Serra de Monsanto 언덕087이다. 꼭대기에는 요새가 있는데 지금은 감옥이자 대륙부 포르투갈의 중심 무선기지국으로 쓰인다. 이제 타보르다 장군 거리Rua General Taborda088와 페헤이라 샤베스 거리Rua Ferreira Chaves089를 지나 수도교의 측면과 언덕을 살펴보자.
:

• 현재는 일반에 공개된다. 10:00-17:30. 월요일, 일요일 휴무. 입장료 3유로.

에스트렐라

안타스 백작 거리Rua Conde das Antas[090]로 올라갔다가
아모레이라스 거리Rua das Amoreiras[091]를 따라 내려가다
오른쪽의 실바 카르발류 거리Rua Silva Carvalho[092]를 만나면
그 길로 들어서자. 길을 따라가다 보면 에스트렐라
거리Rua da Estrela[096]와 만나는 지점에 영국인 묘지와 영국
병원이 나올 것이다. 여기서 오른쪽으로 돌아 사라이바
드 카르발류 거리Saraiva de Carvalho[093]를 지나 페헤이하
보르제스 거리Rua Ferreira Borges[094]를 지나면 독일인
묘지가 나오고 계속 더 가다보면 오른쪽 끝에 **프라제르스
묘지**Cemitério dos Prazeres**(기쁨의 묘지)**[095]•가 보인다. 두 길이
만나는 교차로에서 왼쪽으로 돌면 에스트렐라 광장으로
내려가게 된다. 하지만 에스트렐라 거리로 돌아가서
내려가면 **에스트렐라 공원**Jardim da Estrela[097]의 옆문에 이른다.
리스본에서 가장 잘 관리된 공원이라고 할 만한 곳이다.
1842년에 문을 연 이 공원에는 여러 종의 열대 식물, 연못,
동굴, 온실, 야외 도서관, 무대, 놀이터, 뷔페, 나지막한
언덕, 조각상들, 보르달루 피네이루의 델프트도기 동물
등이 있다. 공원 여기저기 있는 조각상들의 제목과 작가는
다음과 같다. 대大 코스타 모타의 ‹땅 파는 사람›, 소小
시몽이스 드 알메이다의 ‹깨어남›, 소 코스타 모타의

‹오리를 돌보는 공주›, 마리아 다 글로리아 히베이로 다 크루즈의 ‹샘›.

공원 옆에는 군 병원[098]이 한때 베네딕트 수도회 소유였던 크고 아름다운 건물을 차지하고 있다.

공원 입구 맞은편에는 장엄한 **에스트렐라 성당**Basilica da Estrela[099]이 서 있다. 마리아 1세의 명으로 성심聖心을 모시도록 지어졌다. 1779년에 기공해 1790년에 완공했으며 설계를 맡은 건축가는 마테우스 비센트와 헤이날두 마누엘이다.

대성당의 전면부는 여러 벽감과 그 안의 큰 조각상들로 아름답게 구성되어 있으며, 양쪽으로 시계가 달린 아름다운 종탑이 서 있다. 지붕에는 널찍한 테라스가 있어 도시의 풍광을 내려다볼 수 있다. 그러나 정말 좋은 경치는 여기가 아니라, 테라스 끄트머리에서 212개의 돌계단을 거쳐 올라갈 수 있는 돔의 꼭대기에서 볼 수 있다. 돔 꼭대기를 둘러싼 난간에서는 현대 리스본의 거의 모든 구역뿐 아니라 폭 넓은 테주강과 그 너머 남쪽 마을까지 보인다.••

• 1833년 리스본에 창궐한 콜레라로 죽은 이들을 묻기 위해 생긴 공동묘지. 페소아는 1935년 이곳에 묻혔다가 사후 50년이 되던 1985년 제로니무스 수도원으로 옮겨졌다. 그의 유일한 연인으로 알려진 오펠리아 케이로스의 묘도 이곳에 있다. 걸어갈 만한 가까운 거리에 페소아기념관(Casa Fernando Pessoa)이 있다. 9:00~17:00. 일요일 휴무. 입장료 3유로. 주제 사라마구 기념관과 연계되어 한쪽 기념관을 방문하면 다른 기념관 방문시 1유로만 내고 입장 가능하다. 월·금·토요일 11:30 가이드 투어가 진행된다.
•• 입장료 4유로를 내면 돌계단을 통해 테라스와 돔에 올라갈 수 있다.

성당 내부 또한 볼만하다. 내부에 전시된, 성당의 설립자 마리아 1세의 동생 마리아 베네딕타 공주와 마리아나 공주의 조각상과 초상화는 마샤두 드 카스트루가 조각하고 폼페우 바토니가 그렸다. 마리아 1세의 묘와 1791년 교황 비오 6세가 선물한 로마 카타콤의 어린이 '미이라'도 있다.

성당의 오른편으로는 측량부 본부 건물과 앞서 언급한 군 병원에 속한 몇몇 건물이 서 있다.

알칸타라와 아주다

이제 네세시다드스 길Calçada das Necessidades[100]로 내려가

힐바스 광장Largo do Rilvas[101]을 지나 **네세시다드스궁**Palácio das

Necessidades[102]에 이른다. 이 큰 궁전은 포르투갈 왕들의

거처이자 여러 국가 원수가 국빈으로 머물던 곳이다.

1745년에 카에타누 토마스 드 소자의 설계로 착공 후 5년

만에 완공했다. 카를루스왕과 오를리앙의 아멜리아 왕비가

이곳에 거했고 이후에는 마누엘왕이 살았다. 공화국 수립 후

이 궁전에서 가장 화려한 부분은 국립고대미술관[120] 등으로

옮겨 전시 중이다. 그러나 이곳에도 여전히 볼거리가 많다.

그림, 초상화, 상감 벽장식, 금은 공예품, 주스티와 주제 드

알메이다의 작품이 있는 소성당, 값비싼 가구와 장식품뿐

아니라 이국적인 나무와 숲, 온실, 연못, 조각이 가득한

아름다운 정원도 볼 만하다.

공화국 수립 후 네세시다드스궁의 앞부분은 외무부가

이용하고, 뒷부분은 제1사단 사령부가 사용하면서

힐바스 광장 쪽으로 난 출입구를 쓴다.

이제 알칸타라[131] 쪽으로 내려가 철길[103]을 건너고, 타파다

거리[104]로 올라가 **타파다 다 아주다**Tapada da Ajuda[105]의 입구가

나올 때까지 가보자. 입장료는 자동차 1.5이스쿠두, 마차 1이스쿠두, 오토바이와 말 50센트, 사람만 들어갈 때는 30센트다. 입구에는 농학자 페헤이라 라파의 흉상이 있다. 제일 높은 곳에 농학연구소Instituto Superior de Agronomia가 자리 잡고 있는데, 여기서 테주강과 네세시다드스궁 정원, 교구 공동묘지 등을 내려다볼 수 있다. 타파다 안에는 국립농업박물관과 1861년에 페드루 5세가 세운 천문관측대도 있다.

이제 시티우 두 카잘리뉴[106] 문으로 타파다를 나서 내려갔다가 다시 **아주다궁**Palacio da Ajuda[107]•으로 올라가자. 건축학적으로는 중요하지 않은 건물이지만 규모가 커서 봐둘 만은 하다. 앞면은 거대하지만 단조롭다. 입구에는 몇몇 은유적인 조각들이 있는데 마샤두 드 카스트루, 조아킹 주제 드 바후스, 아마투치, 파우스티누 주제 호드리게스, G. 비에가스, 주제 드 아기아르의 작품이다. 비에이라 포르투엔스, 도밍구스 스케이라 등의 그림도 있다.

내부에는 볼 것이 더 많다. 최고급 가구, 훌륭한 청동 제품과 도자기, 가치 있는 회화와 태피스트리 등이 곳곳에

• 10:00-18:00. 수요일 휴무. 입장료 5유로.

있다. 아름다운 조각상과 거울, 샹들리에와 예술적인
시계, 카펫과 커튼, 크기는 작지만 매력은 절대 작지 않은
장식품들을 수도 없이 볼 수 있다. 여러 방 중에서도 특히
두 방을 눈여겨봐야 한다. 먼저 분홍방은 벽, 천장, 가구
모두 도자기 장식이 달리지 않은 데가 없다. 대리석 방은
벽, 바닥, 천장까지 모두 대리석이다.

이 중요한 궁전은 사전 허가를 받고 방문할 수 있다.
1802년에 건축가 파브리의 설계로 착공했으나 공사는
오래 걸렸다. 원 설계안이 여러 차례 수정되면서 아직 궁은
미완성 상태다. 포르투갈 왕국의 섭정이었던 도나 이사벨
마리아가 여기 살았고, 동 미겔은 이곳에서 절대왕정을
주창했다. 1833년에는 스페인의 돈 카를로스가, 공화국
수립 당시에는 마리아 왕비와 아폰수 왕자가 살고 있었다.

1층에는 폼발 후작이 세운 도서관이 있다. 이 도서관의
역대 사서 중에는 위대한 역사가 알렉산드르 에르쿨라누와
작가 하말류 오르티강 같은 저명한 인사도 있다. 도서관은
역사적 기록과 양피지, 기독교 및 외교 문서 등 24,000점에
달하는 자료를 소장하고 있다.

이제 아주다 거리 Calçada da Ajuda [108] 로 내려가다 보면
오른쪽에 **아주다식물원** Jardim Botanico da Ajuda [109] 이 보인다.
폼발 후작이 세운 이 식물원에는 1811년에 심은 나무들이
여전히 자라고 있다. 35,000제곱미터가 넘는 터에 잘
가꿔진 정원에서 내려다 보는 테주강의 경치도 일품이다.
200살이 넘은 나무도 있는데 그 둘레가 42미터가 넘는다.
연못과 조각상도 많고 온실 또한 잘 관리되어 있다.
입장 허가를 받고 들어갈 수 있다. •

자르딩 보타니쿠 거리 [110] 를 따라가다 보면 길이 끝날 때쯤
보이는 광장에서 **메모리아 성당** Igreja da Memória [111] 과 만난다.
이 성당은 주제 1세가 1758년에 암살 음모를 무사히 피한
것을 감사하는 뜻에서 짓고 '기억'이라는 이름을 붙였다.

건축가 주앙 카를루스 비비에나의 설계로 돌을 쌓고
대리석을 벽에 대서 지었다. 제단에 걸린 페드루
알렉산드리누의 그림은 암살 음모를 암시한다. 1923년에
메르세스 소성당 [143] 에 있던 폼발 후작의 유해가 이곳으로
옮겨져 지금까지 보존되어 있다.

• 입장료 2유로.

벨렝

몇 분만 더 가면 우리는 위대한 기념비라 할 **제로니무스 수도원**Mosteiro dos Jeronymos[112] 앞에 서게 된다. 리스본을 방문하는 이방인이라면 누구나 이 석조 건축의 걸작을 찾아갈 것이고 또 영원히 잊지 못할 것이다. 사실 제로니무스 수도원이야말로 리스본에서 가장 인상적인 건물이다. 1502년에 마누엘 1세의 명에 따라, 포르투갈의 여러 훌륭한 건축물을 지은 보이타카가 설계했다.

수도원의 옆문은 누구라도 입이 벌어지게 만드는 풍부한 건축미를 보여준다. 벽감과 석조상, 돋을새김과 문장이 빽빽한 이 석조 걸작은 놀라움을 금치 못하게 한다. 그중에서도 특히 중요한 두 부분이 있다면, 제일 꼭대기에 있는 항해왕 엔히크 왕자의 조각과 창살 친 창문 앞 벨렝(베들레헴)의 성모상이다. 이 기념비적인 문은 그 전체로서 섬세한 조화와 깊고도 부드러운 종교적 열정을 느끼게 해줄 뿐만 아니라, 이러한 걸작을 빚어낸 마술 같은 장인의 손길에 대해 생각하게 만든다. 그 시절 포르투갈에는 출신지를 막론하고 각지에서 온 석조 조각의 대가들이 있어서 제로니무스 수도원 같은 걸작에 그 자취를 남겼다.

1517년에 만든 서쪽 출입구는, 포르투갈에 르네상스
건축을 가져온 장본인인 프랑스 예술가 니콜라스 샨테렌의
작품이다. 이 아름다운 문은 설계자의 탁월한 역량을
잘 보여준다. 아치와 전체적인 배치, 방패와 문장 그리고
조각상으로 채운 크고 작은 벽감과 구석구석 정교한 비례와
효과가 보인다. 모든 형상과 장식은 당대의 신비주의를
반영한다. 양쪽의 두 벽감 말고 문 위의 세 벽감에는 예수
탄생, 수태 고지, 동방 박사의 경배를 형상화한 조각이 있다.
나머지 두 벽감에는 마누엘 1세와 마리아 왕비가 각각 세례
요한과 성 히에로니무스(제로니무스)의 가호 아래 무릎을
꿇고 있다. 장식들의 다양한 모티브, 조각상의 위치 등 모든
요소가 잘 설계된 데다 능숙하고도 섬세한 장인의 손으로
빚어져 수백 년이 지나서도 우리는 그 아름다움 앞에서
찬탄을 금치 못한다.

성당 안에 들어서면 먼저 입구 왼쪽* 세례당Capella do
Baptismo을 둘러봐야 한다. 이곳에 현재 주앙 드 데우스와
알메이다 가헤트의 유골함이 임시로 보관되어 있다. 이
유골함들은 이후 시도니우 파이스 대통령의 옆 고해소에
안장될 예정이다. 중앙에서 왼편이 알메이다 가헤트

소성당**이다. 위쪽에는 포르투갈 왕이었던 엔히크 추기경이, 측면에는 마누엘 1세의 아홉 자녀의 묘가 있다. 소성당 바닥 한복판에는 1905년에 루이스 필리프 왕자가 알메이다 가헤트의 뭇자리로 정해 표시해둔 곳이 있다. 그리하여 이 소성당은 그의 이름을 따게 되었다. 1918년 12월 21일에 포르투갈 공화국 대통령 시도니우 파이스의 시신이 이곳에 안치되었고 수천 명의 군중이 그 뒤를 따르며 감동적인 시위를 벌였다. 시신은 후일 세례 소성당으로 옮겨졌다가 십자가로부터 네 번째 자리에 있는 고해실로 옮겨져 지금까지 안장되어 있다.***

그 오른편의 성구 보관실은 그 건축미와 벽에 걸린 성화들이 모두 아름답기 그지없다.**** 다시 성당으로 돌아오면 성 히에로니무스 소성당에서 그 유명한 루카 델라 로비아의 에나멜을 입힌 테라코타 상과 만나게 된다. 스페인의 펠리페 2세가 이 조각상의 너무나 생생한 표정에 놀라 "히에로니무스 성인, 제게 뭐라고 말씀해주시지 않겠습니까?"라고 말을 걸었다는 이야기가 전해진다.

이제 장엄한 제단과 그 옆의 중앙 소성당을 감상해보자.

- 페소아는 옆문을 통해 성당에 들어간다고 설정한 듯하다. 현재 주출입구인 서쪽 문으로 들어서면 입구를 기준으로 오른쪽이 세례당이다.
- ** 북(北)소성당.
- *** 세 사람의 유해는 모두 1966년에 국립묘지[039]로 옮겨졌다.
- **** 입장료 1.5유로.

성가대석 쪽으로는 마누엘 1세와 마리아 페르난다 왕비가
잠들어 있다. 서간 낭독석 쪽에는 아들 주앙 3세와 왕비
카스티야의 카타리나 필리파의 대리석 관이, 인도에서 처음
가져온 상아를 단 코끼리 두 마리 위에 놓여 있다. 제단의
은으로 감싼 성막聖幕은 질 비센트의 작품으로, 1675년에
당시 왕자였던 페드루 2세가 제로니무스 수도원에 하사했다.
성막 주위로는 아름다운 성화들이 걸려 있다.

이제 우리는 알메이다 가헤트 소성당 앞 루이스 드 카몽이스와
바스쿠 다 가마의 묘로 가보자. 두 묘지는 1894년에 코스타
모타의 지휘 감독 아래 만들어졌다. 이 소성당 위쪽에는
세바스티앙왕의 묘가, 양 옆으로는 주앙 3세의 아들들과
마누엘 1세 손자들의 묘가 있다. 세바스티앙왕의 묘 왼편
벽감에는 성 가브리엘 상이 있는데, 본래 노사 세뇨라
두 데스테후 소성당에 있던 것을 바스쿠 다 가마가 인도에 갈
때 자기 배에 싣고 갔다고 한다. 성당 중앙의 아치형 천장은
감탄사가 절로 나오는 걸작이다. 여기에는 인도와 브라질로
갔던 배에 실린 진짜 청동 방패가 달려 있다. 내부는 그야말로
환상적인 부조로 장식되어 있어 그 아름다움은 비견할
데가 없다. 아치형 천장을 지탱하는 기둥 또한 천장에 빠지지

않는다. 특히 중앙 기둥은 한동안 시간을 들여 자세히 봐둘 만하다. 아치형 천장을 거쳐 성가대석과 회랑으로 갈 수 있다. 그곳에도 볼 것이 참 많다.

제로니무스 수도원을 제대로 보려면 시간을 들여 천천히 둘러보아야 한다. 수도원이 지닌 아름다움을 온전히 느끼려면 구석구석 꼼꼼히 들여다봐야 하기 때문이다. 모든 이미지, 묘지, 기둥, 아치형 천장, 특히 기둥 없는 트랜셉트, 성화, 성당 내부를 잘 볼 수 있는 성가대석, 세계 최고의 회랑, 알렉산드르 에르쿨라노와 대시인 게하 중케이루의 묘지, 기숙사가 있었던 옛 예배실, 그리스도 소성당 등을 세심하게 살펴봐야 한다.•

수도원의 서쪽 부분은 카사 피아다. 1780년에 설립되어 1833년에 이곳으로 옮겨왔다. 유산과 복권 수익금에서 들어오는 수입으로 운영된다. 이곳에 800명 가까운 기숙생이 머무는데 직업 교육을 받거나, 부양가족이 있거나, 바깥에서 돈을 벌지만 충분히 벌지 못하거나, 대학이나 기술학교에 다니는 이들이다. 리스본에서 제일 오래되고 모범적으로 운영되는 자선 단체다.

• 수도원 앞에는 늘 표를 사려는 줄이 길게 늘어서 있다. 이 줄을 피하려면 서쪽 고고학박물관으로 가서 입장권을 구매하고 바로 수도원 회랑에 입장할 수 있다. 수도원 10유로. 수도원+벨렝탑 12유로. 수도원+벨렝탑+박물관 16유로. 수도원 회랑 북쪽에 페소아의 묘가 있다.

끄트머리에 자리 잡은 인류학박물관은 월요일은 제외하고 매일 오전 11시부터 오후 5시까지 문을 연다. 1893년에 설립되어 1903년에 이곳으로 이전한 박물관은 귀중한 고고학적, 인류학적, 민족지적 전시품을 소장하고 있다.

우리가 탄 차는 이제 바르톨로메우 디아스 거리Rua Bartholomeu Dias[113]를 지나 사우드 골목Travessa da Saúde[114]으로 내려가 철로를 건너고 봉 수세수 항구를 지나 **벨렝탑**Torre de Belém[003]에 이른다. 이 탑이야말로 의심할 나위 없이 리스본 최고의 기념비이며, 포르투갈군과 해군의 역사에서 가장 잊을 수 없는 기억이기도 하다. 이 경이로운 오리엔탈 건축물은 선박들이 대발견을 위해 떠나던 바로 그 자리인 프라이아 두 헤스텔로Praia do Restelo에 세워졌으며, 그런 탓에 수도 리스본과 테주강 방어의 일환이었다. 마누엘 1세의 명으로 강 위에 세워졌으며, 책임자는 "장식이 많은" 건축의 대가 프란시스쿠 드 아후다였다. 1515년에 착공해 6년 뒤 완공되었다. 이후 강물이 점차 빠지기 시작해 이제는 강변과 연결될 정도가 되었다. 이 탑에서 포르투 주교 호드리구 다 쿠냐의 아버지인 페드루 다 쿠냐가 죽었다. 그는 스페인 정복기의 첫해 왕위계승권을 주장하던 크라투 신부의 공격을 막지 못한 죄로 탑에 투옥되었다. 그 외에도 이 탑에 갇힌 귀족이 여럿 있었다.

바깥에서 보면 벨렝탑은 돌로 된 보석 같다. 이방인은 벨렝탑의 독특한 아름다움에 놀라고 점점 더 감탄하게 될 것이다. 벨렝탑은 레이스, 그것도 섬세한 레이스라 할 수 있다. 멀리서 은은히 빛나는 이 정교한 석조물은, 테주강으로 들어서는 배에 탑승한 이들의 눈에 경이 그 자체였을 것이다. 내부 또한 겉모습만큼이나 아름답다. 발코니와 테라스에서 보이는 테주강 너머의 바다 경관은 쉽게 잊을 수 없는 장면이다.

도개교를 건너가면 바로 1층에 들어서는데, 이곳은 대포를 설치할 목적으로 설계되었다. 쇠창살과 작은 틈 사이로 간신히 드는 빛은 감방이란 어떤 곳인지 일러주는 듯하다. 돌계단 서른다섯 개를 내려가면 오랫동안 사용하지 않은 지하 감방 다섯 칸이 있다. 지하 감옥으로 쓰기 전에는 대포알을 보관하는 공간이었다.

• 1975년에 인류학박물관은 제로니무스 수도원에서 1킬로미터가량 떨어진 곳으로 이전했다. 현재 이 자리에는 해양박물관(Museu de Marinha)이 있다. 10:00-17:00. 월요일 휴무.

2층은 무기고 겸 사무실이고, 3층은 환상적인 기둥이 있는 근사한 발코니가 있는 왕의 방이다. 4층은 식당이고, 이 요새가 공격당할 경우를 대비해 납을 녹여 만든 구멍들을 이곳에서 볼 수 있다. 5층은 법정으로 이곳에 얼마 전인 1922년에 가구 코티뉴와 사카두라 카브랄의 리스본-리우데자네이루 횡단 비행을 기념하는 기념비가 세워졌다. 6층은 테라스로 계단 123개를 거쳐 올라갈 수 있다. 이곳의 경치가 어떨지는 상상하기 어렵지 않을 것이다.

이제 강둑을 따라 왔던 길로 돌아가 보자. 해군항공센터가 있는 부두를 지나 좀 더 가다 보면 제로니무스 수도원 앞을 지나 **아폰수 드 알부케르크 광장**Praça Afonso de Albuquerque[115]이 보인다. 드넓은 공간에 펼쳐진 이 공원 한가운데에는 위대한 인도 총독이자 근대 포르투갈 제국의 개척자인 알부케르크의 동상이 서 있다. 역사학자 루스 소리아누가 남긴 유산으로 세운 이 마누엘리노 양식의 동상은 상당히 높다. 기단부에는 얕은 돋을새김으로 플라카*의 무어인 정복, 나르싱가왕**이 보낸 사신을 접견하는 모습, 돈을 주겠다는 제안에 대답하는 모습, 고아Goa의 열쇠를 받는 모습 그리고 깊은 돋을새김으로 범선과 갤리선 등을 새겨놓았다. 높은 기둥 위에 대총독의 청동상이 서 있다. 청동상은 군무기고에서 주조되었다. 건축가 실바 핀투와 조각가 코스타 모타의 작품으로 1902년에 제막되었다.

강가의 이 부근이, 1759년에 타보라 귀족 가문이 주제 1세를 암살하려는 음모를 꾸몄다가 발각되어 공모자들과 함께 고문당하고 처형된 장소다.•••

아폰스 드 알부케르크 광장 왼쪽으로 가면, 지금은 대통령 관저로 쓰이는 **벨렝궁**Palácio Real de Belém[116]이다. 한때 마리아 2세가 이곳에 살았고 그 후에는 왕세자 시절 카를루스 왕이 오를레앙의 아멜리아 왕비와 결혼한 뒤 거처했다. 포르투갈에 방문한 국빈들 또한 이 궁에 머물렀는데 에드워드 7세, 알폰소 8세, 카이저 빌헬름 2세, 프랑스의 루베 대통령, 브라질의 에르메스 다 폰세카(때마침 포르투갈 공화국이 수립되던 바로 그 시기) 등 여러 국가 원수, 오스트리아 왕자, 사보이 왕가의 아마데우스, 파리 백작, 데우 백작, 오를레앙 공작 등 여러 왕족이 그들이다.

• 믈라카(Melaka)는 말레이시아 믈라카 해협의 항구. 1511년 알부케르크가 이끄는 포르투갈군이 이 항구를 정복해 향료 무역을 독점하고 자본을 축적하는 근거지로 삼았다.
•• 포르투갈인이 처음 인도에 도착했을 때 남인도의 비자야나가르 왕국을 다스리던 왕.
••• 119쪽. 메모리아 성당[111] 부분 참조.

이 궁에는 콜룸바누, 말료아, 레안드루 브라가, 주앙 바스 등의 명화와 화려한 가구를 갖춘 방이 여럿이고, 뒤편에는 잘 가꾼 정원이 있다. 콜로니알 공원Jardim Colonial이 구내에 있고, 궁의 남쪽 부분은 **마차박물관**Museu dos Côches[117]이다. 이 상당히 특이한 박물관은 1905년에 아멜리아 왕비의 제안으로 문을 열었다. 예술적 가치가 있는 마차 예순두 대와 왕실 제복, 마구, 등자, 박차, 단추, 문서와 초상화 등을 소장하고 있다. 베르사유와 마드리드에 있는 비슷한 종류의 박물관보다 수준이 높으며, 소장품의 특성상 17–18세기 포르투갈 예술의 빼어난 지점을 잘 보여준다. 마차 중 일부는 창고에 보관되어 새 전시실 건물에 전시 공간이 있을 때만 전시된다. 실제 전시품의 목록은 다음과 같다.

입구에는 이스피쉘곶의 성모 마차가 있다. 이스피쉘 행진 때 성모상을 나르는 데 쓰는 이 마차는 은제 등과 횃대, 아름다운 그림으로 장식되어 있다. 루이 15세와 루이 16세 양식으로, 나무와 쇠로 만든 허수아비 이스타페르무가 방패와 채찍을 들고 있다. 이스타페르무는 마상 시합에서 말의 속력과 기수의 실력을 알아보는 데 쓰인다. 입구에는 투창, 창, 방패, 마구, 안장 등도 전시 중이다.

전시실은 47×14미터 넓이에 프란시스쿠 드 세투발과 다른 작가들의 작품으로 꾸며져 있다. 과학, 상업, 풍요, 평화, 승리, 기사도, 건축, 회화, 조각, 음악, 신화 등을 뜻하는 그림이 그려져 있으며 다음과 같은 마차들이 전시되어 있다. 스페인의 펠리페 2세 마차는 흔치 않은 16세기 말 양식으로 펠리페 2세가 처음 포르투갈을 방문했을 때 타고 온 것이다. 사보이아의 도나 마리아 마차는 루이 14세 시기의 아름다운 그림이 있는 17세기 말 양식의 마차로 아름다운 장식이 돋보인다. 오스트리아의 도나 마리아 마차는 오스트리아 황제 요제프 1세가 주앙 5세와 결혼하는 누이 마리아 안나에게 선물한 것이다. 왕관 마차, 왕실 문장이 그려져 있어 그렇게 불리며 페드루 2세가 동 주앙의 결혼에 맞춰 제작한 것이다. 주앙 5세의 마차는 건축가 비센트 펠릭스 드 알메이다와 조각가 주제 드 알메이다가 세공했는데 그 장식이 근사하다. 교황 클레멘스 6세의 마차는 1715년에 폰티프가 동 주제에게 선물했다. 프란시스쿠 왕자의 마차는 1722년에 제작되었다고 한다. 도나 마리아 안나 빅토리아의 마차 혹은 금 기둥 마차는 주앙 왕의 사생아였던 '파냐바의 아이들'이 탄 마차다. 교황 클레멘스 11세의 대사관 마차는 로마에서 제작되었고 디자인이 대담하고 아름답다. 값진 조각의 예술적인 마차 세 대. 동 주제의 마차는 나무장식이 굉장하다. 18세기 말 양식의 마차 세 대는 우아한 조각과 그림으로 장식되었다. 도나 마리아 베네딕타의 마차는 주제 왕자의 왕자비가 쓴 화려한 마차. 마리아 여왕의 마차는 리스본의 코라상 드 제수스 성당의 의식용으로 제작되었다. 카를로타 호아키나 왕비의 마차는 1785년에 스페인의 카를로스 4세가 딸에게 결혼 선물로 보냈다. 주앙 6세가 1826년에 잉글랜드에서 제작한 크라운 마차. 18세기의 가벼운 마차 다섯 대. 같은 시기의 간이마차 두 대.

큰 마차 전시를 모두 둘러보고 나면 그 시절 포르투갈 왕족들의 삶이 얼마나 화려했는지 생생하게 그려볼 수 있을 것이다. 이제 위층 전시실의 작은 마차 전시를 살펴보아야 할 것이다. 박물관장인 루시아누 프레이르가 만든 안내서도 있다. 입장료는 무료이며, 금요일을 제외하고 매일 오후 12시 30분부터 4시 30분까지 문을 연다. 이 시간 외에 방문하려면 특별 허가를 받아야 한다.•

• 10:00−18:00. 월요일 휴무. 벨렝역 근처 새 전시실과 벨렝궁 근처 구 왕립승마학교로 나뉘어 있으며 입장료는 각각 6유로, 4유로. 통합 입장권은 8유로.

고대미술관과 상 벤투

이제 우리 가 탄 차는 빠른 속도로 **국립고대미술관**Museu

Nacional de Arte Antiga[120]을 향해 달린다. 가는 길에 오른쪽으로

해외군사령부와 왼쪽으로 콜로니알 병원[118]을 보게 될

것이다. 좀 더 가다 보면 산토 아마루 전차 차고[119], 해군

부대, 오비두스 백작의 바위로 더 잘 알려진 알베르타스

공원[004]이 차례로 보이고 나서야 고대미술관에 도착한다.

미술관이 자리 잡은 건물은 17세기에 드 알보르 백작이

지은 자넬라스 베르데스궁(녹색 창문궁)이다.

리스본 최고의 이 미술관은 1833년에 해산한 수도회의

소장품과 카를로타 호아키나 왕비의 소장품을 가지고

문을 열었다. 여러 차례 기증을 받고 또 주요 작품들을

구매해 이제는 귀중한 예술 작품들의 보고가 되었다. 특히

유명 평론가인 주제 드 피게이레두 경과 그에 못지않게

유명한 대가 루시아누 프레이르 경이 큐레이터가 되면서

미술관은 눈부시게 성장했다. 큐레이터의 제안으로

얼마 전에 꾸려진 '미술관의 친구들' 역시 미술관 측의

세심한 배려를 받고 있다.

이 미술관은 이탈리아, 스페인, 영국, 독일, 플랑드르, 포르투갈 등 여러 유파 거장들의 걸작을 여럿 소장하고 있다. 거기에 최근 남다른 감식안을 지닌 대시인 게라 중케이루가 소장했던 명화들이 더해지면서 미술관 소장품이 더 다채로워졌다.

미술관의 회화 소장품도 훌륭하지만, 도자기류 또한 그에 못지않다. 국내외를 막론하고 훌륭한 도자기를 소장하고 있는데 그중에서도 중국, 일본, 페르시아 자기를 포함한 아시아 도자기가 가장 귀중한 소장품이다. 프랑스 파리와 세브르뿐 아니라 잉글랜드와 독일에서 온 아름다운 도자기도 있다. 도자기는 페르시아와 인도에서 만든 세밀한 카펫, 아하이올루스와 타비라 등지에서 온 국내산 카펫과 함께 제일 아래층에 전시하고 있다.

입구에 들어서자마자 17세기, 즉 1755년 대지진 이전의 리스본을 대표하는 거대한 아줄레주를 보게 된다. 현관에는 〈십자가에서 내려오는 예수〉를 얕은 돋을새김으로 형상화한 16세기 작품이 있다. 18세기에 제작된 중국 항아리 네 점과 일본 항아리 한 점, 중국 화병 두 점도 볼 수 있다.

1층으로 올라가 첫 번째 방에 들어서면 그 유명한
제로니무스(벨렝)의 쿠스토디아가 진열된 유리장과 만나게
된다. 쿠스토디아는 전체가 금과 에나멜로 장식되어 있다.
받침은 전체적으로 타원형이며, 꽃과 새 들을 깊은 양각으로
표현한 작은 부분으로 나뉘어 있다. 맨 아랫부분에는 흰색
에나멜로 다음과 같은 문구가 쓰여 있다. "최고 존엄이신
동 마누엘 1세께서 킬로아왕이 처음 공물로 바친 금으로
제작할 것을 명령하시다. CCCCCVI에 완성." 받침과
몸체를 이어주는 '연결'부는 여섯 구체로 되어 있다. 몸체는
양쪽의 두 기둥 혹은 벽감이 있는 원주형 기둥 사이에
있다. 벽감에는 천사들이 악기를 연주하며 문지기 역할을
하고, 아래에는 열두 사도가 경배하는 자세로 둥글게
앉아 있다. 그 위 칸에는 하느님이 왼손에 지구를 들고
오른손으로 축복을 내리는 모습이 보인다. 아래 칸에는 하얀
비둘기가 공간을 차지하고 있으며, 쿠스토디아 꼭대기에는
십자가가 씌어 있다. 이 경이로운 포르투갈 금세공의 역작은
마누엘 1세의 명으로 가르시아 드 헤젠드가 스케치한
것을 리스본에서 질 비센트가 주조해냈다. 여기에 들어간
금의 총량은 30마르크(약 7.5킬로그램)이며, 하단에 새긴
글귀대로 킬로아왕이 처음 공물로 바친 금으로 만들어졌다.

마누엘 1세의 바람대로 이 쿠스토디아는 벨렝의 제로니무스 수도원에 남겨졌다. 이 16세기의 걸작은 높이가 83센티미터다.

이제 우리가 앞으로 살펴볼 여러 전시실에서 다음 작가들이 남긴 걸작을 보게 된다. 크리스토방 드 모라이스, 비에이라 루지타누, 크리스토방 로페스, 비에이라 포르투엔스, 조르즈 아폰수, 도밍구스 스케이라, 도밍구스 바르보사, 무리요, 뒤러, 페레다, 수르바란, 리베라, 프란츠 할스, 테니에르, H. 쿠이프, 살켄, 얀 시벤스, 루벤스, 홀바인, 멜치, 루이니, 루카 조르다노, 틴토레토, 안토니오 모로, 프라 카를로, 파티니 등.

다음은 금공예 전시실이다. 이 수집품들은 현재 임시로 이 자리에 보관되어 있지만, 그 특별한 예술적 가치를 충분히 잘 보여준다. 수집품은 지금은 대부분 사라진 수도원에서 온 성물로 몸체를 금과 은 등의 보석으로 장식한 것이 많다. 예를 들어 성모 성물함 Relicario da Madre de Deus 은 에나멜을 입힌 금에 진주와 에메랄드, 루비로 장식되어 있다. 그 가치나 아름다움이 남다른 성물로는 14세기에 도금한 은으로 제작된 '주앙 도르넬라스 사제의 쿠스토디아'를 눈여겨봐 둘만 하다. 또한 높이가 97센티미터이고 도금한 은제에 각종 보석이 박힌 성체 보관용 도구 '벵포스타의 쿠스토디아'와 크리스탈 십자가를 비롯한 여러 수집품이 관람객의 눈길을 끌 것이다.

스케치 전시실도 있어 국내외 작가들 특히 도밍구스 스케이라의 놀라운 스케치를 볼 수 있다. 미술관은 월요일을 제외하고 매일 오전 11시에서 오후 5시까지 문을 연다. 입장료는 당연히 무료다.•

이제 자넬라스 베르데스 거리Rua das Janelas Verdes[121]를 따라가다 보면, 길이 거의 끝날 때쯤 왼편에 한때 마리아노스 수도원이었던 크고 오래된 건물이 나타난다. 별채 중 한 곳에는 조판과 인쇄를 할 수 있는 현대적 인쇄소가 있다.

이제 산투스 우 벨류 거리Rua de Santos-o-Velho[122]로 가서, 마르케스 드 아브란테스 길Calçada do Marquez de Abrantes[123]의 프랑스 영사관을 지나 윌슨 대로[124]••로 꺾어지면 이 길

끄트머리에 **포르투갈 의회** Palácio de São Bento [125] 가 나온다.
이 건물은 한때 상 벤투 드 사우드 수도원이었다가
건축가 벤투라 테하의 설계로 대규모 개조 공사를 거쳐
현재의 모습으로 거듭났다. 조각가 테세이라 로페스의
작품으로 장식한 의원 회의실은 거대한 원형 경기장 같은
구조에 금속제 돔이 있어 빛이 잘 들고 음향 설계 또한
훌륭하다. 상원 회의실도 원형 경기장 구조지만, 좀 더 작고
전체적으로 조화롭다. 살라 두스 파수스 페르디두스 Sala
dos Passos Perdidos 는 콜룸바누, 세이아, 주앙 바스의 작품으로
꾸며졌다.

건물의 오른쪽 동은 국립문서보관소, 토혜 두 톰부 Arguivo
Nacional da Torre do Tombo 로 1757년부터 이 자리에 있었다.***
문서보관소는 어마어마한 분량의 문서를 소장하고 있어,
포르투갈과 포르투갈인의 과거사를 조사하고 연구할
수 있다. 희귀 문서 중에서 종종 값을 따지기 어려울
만큼 귀중한 역사서나 중요하고도 흥미로운 외교 문서가
발견되기도 한다. 독립국가 포르투갈의 건국부터 주요한
역사적 사실이 기록된 문서나 박물관에 진열될 만한
인쇄물이 발견되기도 한다. 문서보관소에서는 문헌학 분야

- 10:00 – 18:00. 월요일 휴무. 입장료 6유로.
- •• 현재는 동 카를루스 1세 대로(Avenida D. Carlos I).
- ••• 1990년에 시다드 우니베르시타리아(리스본 국립대학교) 캠퍼스로 이전했다.

전문가들이 갈고 닦은 수많은 문서를 볼 수 있다.

이제 우리는 짧지만 흥미로웠던 리스본 관광을 마쳤다.
가장 볼 만한, 적어도 이방인이 관심을 둘 만한 곳들을
특히 예술과 아름다움에 관심을 지닌 이가 좋아할 곳을
둘러보았다. 이제는 시내 중심지에 있는 호텔로
돌아가는 편이 좋을 것이다.

리스본의 밤 —
팔라시우 다 포스

일류 극장과 다양한 여흥을 즐길 수 있는 리스본의 밤은 낮 못지않게 흥미진진하다. 하지만 이번 여행을 잊지 못할 기억으로 만들려면 헤스타우라도레스 클럽(맥심)이 자리 잡은 건물로 가야 한다. 이 건물, 팔라시우 포스[021]는 17세기에 이탈리아 건축가 파브리의 설계로 지어졌다. 처음에는 카스텔루 멜료르 후작의 소유였다가 포스 후작이 사들여, 1870년부터 1875년 사이에 후작 본인의 감독하에 훌륭한 예술가들의 손을 빌려 대대적으로 보수했다. 이곳에서 건축가 가스파르, 조각가 레안드로 브라가, 화가 프란시스쿠 빌라사 그리고 누구보다도 대人화가 콜룸바누 보르달루 피네이루의 작품을 볼 수 있다. 또한 다른 유명한 외국 작가의 작품들도 많다.

큰 현관을 지나 안으로 들어서면 차분하고 품위 있는 입구가 맞아준다. 이탈리아 작가 마니니의 유화 다섯 점과 조개껍질 위에 선 여인의 대리석상, 검은 대리석으로 테를 두른 흰 대리석의 그리스식 부조가 눈에 들어온다. 이탈리아산 대리석으로 만든 화려하고 우아한 계단을 올라가면 천장과 기둥이 대리석으로 된 복도가 나온다. 계단 난간은 청동과 철로 섬세하게 꾸며놓았고 반짝거리는 양머리가 달려

있다. 다른 장식의 모티브는 포스 후작 가문의 문장을
응용한 것이다. 계단 난간의 아름다운 장식은 파리에서
제작되었으며 그 비용이 9,000파운드 이상 들었다고
한다. 세계에서 제일 아름답다는 오말 공작의 샹티이성의
계단 난간보다 더 화려하다. 복도의 대리석 기둥은 대리석
받침대가 받쳐주고 위아래에는 구리를 둘렀다. 2층 복도에는
스나이더스의 그림 다섯 점, ‹과일 장수›와 ‹생선 장수›,
브뤼에르의 작품 한 점, ‹루이 14세의 승리›, 프란시스쿠
빌라사가 제작한 포스 가문의 문장 등이 걸려 있다.

모든 것이 참나무로 된 첫 번째 방에는 아름다운 벽난로가
있다. 다채로운 색상의 대리석으로 된 이 벽난로 위에는,
프랑스의 조각가 장 구종이 조각한 두 개의 목재 여인상
기둥이 있다. 극도로 가벼운 터치를 보여주는 이 기둥들이
프랑스풍의 그림으로 장식된 천장을 떠받들고 있는 것처럼
보인다. 무도회장은 그 꾸밈새의 양식을 잘 봐둘 만하다.
이 저택 곳곳에서 그 솜씨를 엿볼 수 있는 레안드루
브라가가 이 방도 디자인했는데, 그 모습이 켈루스궁의
그것과 비슷하다. 천장에는 비너스의 탄생을 주제로 한
베닉스의 그림과 콜롬바누의 또 다른 그림이 보인다. 한

가지 눈여겨볼 것은 이 저택의 여러 곳을 밝히는 크리스탈 샹들리에의 아름다움이다.

몇 년 전 수세나 백작이 이 저택을 사들였고 미국 공사관이 오랫동안 이 건물을 사용했다. 현재 이 건물에 들어온 헤스타우라도레스 클럽은 저택의 원형을 세심하게 보존해왔다. 덕분에 클럽에 방문한 이방인들은 리스본에서 가장 편안하면서도 화려한 분위기를 즐길 수 있다. 위치가 시내 한복판 리베르다드 대로[200]가 시작하는 바로 그 지점인 덕에 자연스럽게 발길이 닿는 곳이기도 하다. 클럽 안에는 참으로 근사하고 널찍한 식당이 있어 저녁이면 예술가들이 몰려들고 각종 행사가 벌어진다. 이런 종류의 공간으로는 포르투갈 최초라 할 수 있다. 건물 안에는 라디오 수신국이 들어와 있다.[*]

---

[*] 클럽은 1939년에 폐업했다. 현재 이 건물 1층에는 관광 안내소와 경찰서 등이 들어와 있지만, 특별한 행사가 없으면 일반에 내부를 공개하지 않는다.

다시
시아두와 바이후 알투

이방인이 하루 더 머문다고 가정하고 작은 시내 관광을 나서보도록 하자. 몇 가지 흥미로운 것들을 볼 수 있을 것이다.

호시우016에서 차를 타고 시아두060로 올라가면 대시인의 동상이 서 있는 루이스 드 카몽이스 광장066에 이른다. 거기서 로레투 거리Rua do Loreto135로 들어서면 얼마 가지 않아 오른쪽에 팔멜라 공작의 저택136이 보인다. 한때 공작 가족이 살기도 했지만 지금은 국립펜싱협회, 포르투갈자동차클럽, 비행클럽, 포르투갈항해연맹, 국립해양박물관이 들어서 있다. 해양박물관에는 작고한 카를루스왕이 여러 해 동안 벌인 해양 탐사의 결과물이 전시되어 있다. 전시실에는 포르투갈 해안의 어류, 연체동물, 갑각동물, 멀리 깊고 먼바다에서 가져온 생물, 바닷새, 미지의 생물인 오돈테스피스노수투스odontespisnosutus 등이 진열되어 있다. 진기한 생물의 스케치나 탐사선에서 찍은 사진, 수심을 측정하는 도표, 탐사선에서 사용한 각종 기구, 서재, 여러 전시에서 얻은 카를루스왕의 증서들, 항해 일지 등도 보인다. 이 박물관은 일찍이 마누엘 2세의 허락을 받아 왕궁의 가구들을 가져와 세웠으며 공휴일을 제외하고 매일 오전 11시부터 오후 4시까지 일반에 공개된다.*

바로 이 건물 뒤에는 1887년에 문을 연 카이샤 제랄 드
디포지투 은행Caixa Geral de Deposito[137]이 있다. 이 자리는
1811년부터 1913년까지 웰링턴과 베레스포드가 본부로
삼았던 곳이기도 하다. 바로 앞에는 아잠부자궁이 있다.
이곳에는 한때 «아 룩타A Lucta» 신문사가 있었으나
지금은 정치 클럽이 자리 잡았다.

마레살 살다냐 거리Rua Marechal Saldanha[138]로 내려가다 보면
왼쪽에 **산타 카타리나 전망대**Alto de Santa Catarina[139]가 나타난다.
이곳에서는 폭넓은 테주강과 남쪽 강둑이 한눈에 보인다.
강을 내려다보기에 가장 좋은 곳이라서 크고 멋진 배가
강으로 들어오거나 불꽃놀이가 있기라도 하면
인파가 몰려든다.

다시 원래 가던 길로 돌아와 콤브루 길Calçada do Combro[140]로
내려가면 왼쪽으로 한때 중앙우체국[141]이 있었던 크고
오래된 건물이 보인다. 벌써 여러 해째 노동조합 중 하나인
콘페데라상 제랄 두 트라발류Confederação Geral do Trabalho와

* 해양박물관은 1962년에 제로니무스 수도원 서쪽 끝으로 이전했다.

노동자 신문 «아 바탈랴A Batalha»⁎가 입주 중이다. 반대 방향의 방이긴 하지만 같은 건물에 주요 왕당파 조직인 주벤투데스 모나르키카스Juventudes Monarchicas가 들어서 있다는 사실이 흥미롭다.

이제 세쿨루 거리Rua do Século**142**로 꺾어 들어가자. 처음 만나는 길에 **메르세스 소성당**Capella das Mercês**143**이 있다. 이 성당에서 1699년 6월 6일에 훗날 폼발 후작이 되는 세바스티앙 주제 드 카르발류 이 멜루가 세례를 받았다. 메모리아 성당**111**으로 옮겨가기 전까지 그의 유해가 여기 안치되어 있었다.

더 가다 보면 왼편에 «우 세쿨루O Século»**144** 신문사의 큰 건물이 보인다. 신문 제작을 위한 단독 건물을 가진 유일한 신문사다. 밖에서 짐작할 수 있듯이 건물 안은 널찍하고 빛이 잘 든다. 엘리베이터로 내려갈 수 있는 넓은 지하에는 인쇄 기계가 설치되어 있고, 1층에는 경영부가 2층에는 편집부가 3층에는 조판부가 자리 잡고 있다. 한때 란사다 자작의 소유였던 이 건물의 안쪽에는 편집장실과 자료실, 전시실, 콘서트홀이 있다. «우 세쿨루»는 포르투갈 최대 신문 중

하나로 구독자 수가 상당하고 매우 신중한 논조를 보이며
정치적으로는 보수적인 입장이다. 책과 주간지 등 다른
출판물도 발행하며 인쇄 부서는 외부 주문도 받는다.••

이 건물 바로 앞은 카에타누스 길Calçada dos Caetanos[145]이고,
이 길에는 1836년에 세워진 국립음악원이 있다. 이제
우리는 흔히 **바이후 알투**Bairro Alto라고 부르는 구역에
들어섰다. 리스본의 신문사들은 대부분 이 구역에
사무실을 두고 있다.•••

세쿨루 거리로 다시 돌아가자. 세쿨루 신문사 옆 건물은
1699년 5월 13일에 폼발 후작이 태어난 곳이다. 1923년에
그 사실을 알리는 문구를 건물 벽에 새겼다. 현재는
스페인 영사관과 상공회의소가 입주해 있다.

아르쿠 아 제수스 거리Rua do Arco a Jesus[146]는 아치가 아직도
있는 탓에 '아르쿠'라고 불린다. 이 거리로 들어가는
모퉁이를 돌면 과학아카데미 거리의 **리스본과학아카데미**[147]를
지나게 된다. 이 건물은 한때 제수스 수도원이었지만 지금은
과학아카데미 외에도 문과대학과 지질학박물관으로 쓰인다.

리스본과학아카데미는 1779년에 설립되어 1834년부터 이곳에 자리를 잡았다. 길이 31미터, 폭 15미터, 높이 11미터에 달하는 큰 방에 훌륭한 도서관을 갖추었는데, 이런 종류의 도서관으로는 유럽 전체에서도 손꼽힐 만하다. 도서관에는 1500년 이후에 출간된 인쇄물 11만 6,000종과 1500년 이전에 출간된 고판본 112종, 필사본 1,600종을 소장하고 있다. 소장 자료의 일부는 아카데미가 직접 수집했고, 일부는 오래된 수도원과 1582년부터 이 자리에 있었던 (참회의) 제3프란시스코 수도회 도서관에 있었던 것이다. 도서관에는 작은 방 열두 개가 더 있다. 소장 자료 중에는 희귀한 자료가 많다. 예를 들어 에스테방 곤살베스가 필사하고 포르투갈 왕의 즉위식마다 선서용으로 쓰였던 1610년판 미사 기도문과 (보존 상태가 흠잡을 데 없는) 1462년 마인츠에서 구텐베르크의 동업자가 인쇄한 성경 초판본이 있다. 포르투갈에는 이 성경 초판본이 딱 두 부 있는데 한 부는 국립도서관에 있다. 그 외에도 포르투갈 인쇄기술의 놀라운 결과물이라 할 수 있는, 1491년 리스본에서 인쇄한 히브리어 토라, 아랍어판 토라, 1572년에 출간된 카몽이스의 『우스 루시아다스Os Lusiadas』 초판본 등이 있다.

왕립 하투 세라믹 공장이 제작한 천장 돌림띠에는 주앙 6세,
몇몇 성인과 성직자, 플라톤 등의 철학자, 페드루 누네스와
뉴튼 같은 수학자, 히포크라테스와 바니 등의 과학자,
키케로 등의 웅변가, 베르길리우스, 사 드 미란다, 카몽이스
같은 시인, 다미앙 드 고이스와 주앙 드 바후스 등 연대기
작가들의 흉상이 걸려 있다.

과학아카데미에는 부설박물관이 있어, 각종 유물과 동전,
메달, 고대의 토기 등을 전시한다.

2층의 지리학박물관은 유럽 전체를 통틀어 최고 수준이라고
할 만하다. 총 여섯 개의 전시실은 화석, 인간 및 동물의
두개골과 뼈, 규조토 도구, 원시 토기와 조각 등 주제별로
전문화되어 있고 특별 도서관이 있다. 이곳은 월요일부터
금요일, 오전 10시 30분부터 오후 5시까지 연다.*

• 리스본과학아카데미. 10:00-18:00. 공휴일 휴무. 입장료 2.5유로.
  지리학박물관. 10:00-18:00. 일요일 휴무. 입장료 5유로.

모라리아

만약 이방인이 오후 한나절을 투자할 생각이 있다면 둘러볼 만한 곳이 또 있다. 우리가 탄 차는 반대 방향으로 호시우016를 벗어나 팔마 거리Rua da Palma로 올라간다. 가는 길에 오른쪽으로 빽빽히 집들이 들어선 구역이 보인다. **모라리아**Mouraria133라고 불리는 이 동네는 알파마129처럼 독특하고 개성 있는 주거 지역이다.

조금 더 올라가 아폴로극장 앞에서 옛 이름인 상 라자루 거리Rua de São Lázaro149로 더 잘 알려진 4월 20일 거리Rua 20 de Abril로 들어서자. 곧 우리는 왼편으로 소코후 광장Largo do Socorro과 주제 안토니우 세하누 거리Rua José António Serrano150를 거쳐 상 주제 병원Hospital de São José151에 이른다. 1775년에 설립된 이 병원은 리스본에서 가장 큰 병원이다. 병원 건물은 본래 예수회 소속으로, 엔히케 왕자의 명으로 지은 산투 안탕오노부 수도원Convento de Santo Antão-o-Novo이었다. 이 길을 따라 올라가다 보면 **조국의 순교자 광장**Campo dos Mártires da Pátria152에 이른다. 1817년에 고메스 프레이르의 주도로 영국인 총독 베레스포드를 암살할 음모를 꾸미다가 발각되어 이 자리에서 사형당한 이들을 기리기 위해 명명한 이름이다. 이 자리에는 본래 목조 투우장이 있었지만,

캄푸 페케누[028] 건축 계획이 세워지자 곧 철거되었다. 한때는 성 안나 소성당이 있어서 산타 안나 광장으로 불리기도 했으며 여전히 그렇게 부르는 사람들이 있다.*

조경이 아름다운 이 광장의 한편에는 의과대학 건물[153]이 있고, 바로 그 앞에 포르투갈의 위대한 의사 소자 마르팅스의 동상(코스타 모타 작, 1907년 제막)이 서 있다.

의과대학 건물은 기사 카브랄 코세이루와 건축가 주제 마리아 네포무세누가 설계하고, 기사 보르제스 드 가스트루와 아베카시스, 건축가 레오넬 가이아가 수정 변경해 최근인 1911년에 지어졌다. 아름다운 중앙 계단이 있고 갤러리가 딸린 중앙 현관에는 역대 교수들의 이름을 새긴 접시와 테이셰이라 로페스의 1904년 작품인 벤투 드 소자 박사의 흉상이 전시되어 있다. 화가 콜롬바누가 회의실 장식을 맡았으며 이곳에도 청동 흉상들이 있다. 입구에는 안토니우 하말료의 그림과 코스타 모타의 조각이 있다. 2층에는 주앙 바스의 그림과 조르즈 콜라소수의 아줄레주가 있는 방이 있다. 시험장에는 벨로수 살가두의 프리즈와 주앙 바스가 작업한 천장, 말료아가 그린 초상화가 있다.

리스본의학교였던 의과대학은 1910년까지는 상 주제 병원 안에 있었다. 새 건물로 옮기고 나서야 의과대학으로 불리기 시작했다.

의과대학 오른편은 세균연구소 거리Rua do Instituto Bacteriológico[154]로, 1892년부터 카마라 페스타나 박사의 이름을 딴 세균연구소[155]가 자리 잡고 있다. 이 건물은 본래 산타 안나 수도원 소속이었으나 이 위대한 세균학자가 이곳에 연구소를 설립했다. 그는 1899년 포르투 지역에 흑사병이 돌자 파견되어 진료 활동을 하다가 자신도 병에 걸려 죽음으로써 과학의 순교자가 되었다. 이 길과 토렐 골목Travessa do Torel[156] 사이에는 아직 옛 수도원의 일부가 남아 있고, 고아들의 보금자리인 소시에다드 다 인판시아 데스발리다Sociedade da Infancia Desvalida(보호자 없는 아동 협회) 소속인 아실루 드 산타 안나 Asylo de Santa Anna가 있다.

의과대학 건물 왼편에는 마누엘 벤투 드 소자 거리Rua Manuel Bento de Sousa[157]에는 법의학연구소Instituto de Medicina Legal와 영안실이 있다. 연구소 정원의 창살 사이로 동쪽 리스본의 고지대 풍경을 볼 수 있다. 광장에는 리스본 대주교에게

• 나폴레옹의 포르투갈 침공으로 시작된 이베리아 전쟁(1808-1814년)이 끝나고 포르투갈은 영국의 지배를 받게 되었다. 영국의 지배에 반발한 '조국의 순교자'들은 모두 공화당원이자 프리메이슨이었고, 그들은 이 광장 한복판에 있던 교수대에서 처형당했다.

내주는 관저도 있다.

여기까지 오는 데는 지금까지 설명한 길 말고도 여러 방법이 있다. 산타 안나 길 Calçada de Santa Ana [158]을 따라 올라가면 세균연구소 길과 만난다. 리베르다드 대로에서 언덕길을 오르내리기 위한 전차 아센소르 라브라 Ascensor do Lavra [159]를 타고 바로 올라올 수도 있다. 프레타스 거리 Rua das Pretas에서 산투 안토니우 두스 카푸슈스 거리 Rua de Santo António dos Capuchos로 가는 방법도 있고, 간단히 고메스 페레이레 전차를 타도 된다.

리스본의 신문

리스본에는 물론 여러 종의 신문이 발행된다. 이방인이 포르투갈어를 읽을 수 있다면 지역 신문에 대해 알고 싶어할 테니 주요 신문들의 성향과 신문사 위치를 일러주고자 한다. 가장 오래된 일간지는 «조르날 두 코메르시우 이 다스 콜로니아스 Jornal do Commercio e das Colonias»(알메이다 이 알부케르크 거리 소재)이며, 제호가 말해주듯이 상공업 계층의 이해와 식민지 문제를 주로 다룬다. 다음으로 오래된 신문은 «디아리우 드 노티시아스 Diário de Notícias»•로 지금은 신문 이름을 딴 거리에 자리 잡고 있다. 이 신문은 그야말로 정통 신문으로 발행 부수나 구독자 수가 상당하며, 공화국 체제 안에서 보수적인 원칙을 지키고 있다. 이 신문과 «우 세쿨루»야말로, 발행 부수에서나 영향력에서나 포르투갈 전체에서 여론을 선도하는 일간지다. 공화파 신문인 «우 문두 O Mundo»는 마찬가지로 신문의 이름을 딴 거리의 신문사 소유 건물에 자리 잡고 있다. 바호카 거리의 «코헤이우 다 마냥 Correio da Manhã»은 왕당파의 기관지 역할을 한다. 루타 거리의 «아 에포카 A Epoca»는 구독자 수가 상당하며 가톨릭 왕당파의 수호자를 자처한다. 안토니우 마리아 카르도수 거리의 «우 디아 O Dia» 역시 왕당파다. 콤브루 길의 «아 바탈랴 A Batalha»는 노동자 신문이고, 가헤트 거리의

«노비다드스Novidades»는 순수 가톨릭 일간지다. 아구아 드 플로르 골목의 «우 헤바트O Rebate»는 민주공화당의 공식 기관지다. 지금까지 소개한 일간지는 모두 조간신문이다.

석간지로는 노르트 거리의 «아 카피탈A Capital» 지가 있다. 이 공화파 신문은 공화국 수립 직전에 «우 세쿨루» 부편집장이 창간했다. «디아리우 드 리스보아Diario de Lisboa»는 정치적으로는 독립적이고 상당히 문학적인 색채를 띠는데, 편집부는 루스 소리아누 거리의 소유 건물에 경영 부서는 호사 거리에 있다. 트린다드 거리의 «디아리우 다 타르드Diário da Tarde»는 독자적 공화파로 탈정치적인 공화파들이 창간했다. 문두 거리의 «아 타르드A Tarde» 역시 특정 정당과 상관 없는 공화파다.

격주간지는 바호카 거리의 «우스 히디쿨로스Os Ridiculos»가 있으며 독립적이고 유머가 넘친다. 주간지도 여럿 있는데 알레크링 거리의 «A.B.C.»는 삽화가 있고, 동 페드루 5세 거리의 «도밍구 일루스트라두Domingo Ilustrado»는 인기 있는 일요신문이다. 그레미우 루시타누 거리의 «조르날 다 에우로파Jornal da Europa»는 브라질에서 다수의 독자를

• 1864년에 창간한 유명 일간지. 유명한 음악평론가였던 페소아의 아버지가 1868년부터 1893년까지 이 신문사에서 일했다.

거느린 전통 있는 시사지이며, 각각 루이스 드 카몽이스 광장과 호사 거리에 자리 잡은 «스포츠Sports»와 «스포츠 드 리스보아Sports de Lisboa»는 제호가 밝혀주듯이 스포츠 기사에 집중한다.

최근에 창간한 격주간지 «일루스트라상Ilustração»도 있다.

켈루스를 거쳐
신트라

지금까지 살펴봤듯이 리스본에는 예술적으로나 역사적으로나 감성을 자극하는 수많은 볼거리가 있지만, 포르투갈을 방문하는 여행자라면 수도 안에만 머물러서는 안 될 것이다. 리스본에 처음 왔다면 누구나 테주강 유역의 비할 수 없는 아름다움과 일곱 언덕 위에서 보이는 근사한 경치, 공원과 기념비, 오래된 거리와 새로 난 대로에 깊은 인상을 받는다. 그러나 교외 지역 또한 그 나름대로 볼만한 가치가 있다. 리스본 근교의 풍광은 말할 수 없이 아름답지만, 자연의 아름다움만이 아니라 그곳에서 볼 수 있는 여러 건물의 아름다움이 과거를 떠올리게 한다.

그러므로 이제는 리스본 근교로 나가보도록 하자. 함께 가는 이방인은 이 짧은 여행에 쓰는 시간을 잠시라도 낭비라 여기지 않을 것이다.

우리가 탄 차는 호시우016에서 리베르다드 대로200로 올라 우회전했다가 다시 좌회전해서 안토니우 아우구스투 드 아기아르 대로Avenida António Augusto de Aguiar에 오른다. 왼쪽으로 스페인 공사관(전형적인 옛 저택 건물)을 지나 좀 더 가다 보면 같은 쪽에 팔라방Palhavã 운동장이 보이고,

곧 **리스본동물원** Jardim Zoológico de Lisboa이 나온다. 리스본을 벗어나자마자 나오는 이 신나는 곳은 휴일마다 많은 이가 찾는다. 전체 면적은 92.54제곱미터에 달하며 전 세계 거의 모든 곳에서 온 동물들이 있다. 리스본동물원은 1884년에 이 자리가 아니라 훨씬 리스본과 가까운 곳에, 우리가 지나온 안토니우 아우구스투 드 아기아르 대로와 벤피카 대로Estrada de Benfica가 만나는 자리에 개장했다. 그 후 지금의 넓은 자리로 이전했다.

이 근사한 공원에 들어가는 입장료는 (특별한 날인) 목요일에는 2.5이스쿠두, 다른 날은 2이스쿠두다. 매표소에서 동물 우리와 동물원 안의 시설을 표시한 지도를 나눠주기 때문에 빠짐없이 샅샅이 살펴볼 수 있다. 목요일과 일요일에는 무용 공연이 있다.˙

벤피카 대로를 따라 계속 더 가다가 오른쪽의 두아르트 갈방 거리Rua Duarte Galvão로 들어서면 벤피카 요양원이 나온다. 그리고 우리 왼편으로 마치 성벽 같은 긴 벽이 보이는데, 한때 카르발류 몬테이루 박사의 소유였던 성과 정원을 둘러싼 벽이다. 우리 차는 이제 상 도밍구스 드 벤피카 골목

• 여름 10:00–20:00, 겨울 10:00–18:00. 연중무휴. 입장료 20.5유로

Travessa de S. Domingos de Benfica으로 진입해 실바 카르발류 자작의
영지 왼편을 거쳐 철길을 건너 상 도밍구스 드 벤피카
수도원Convento de S. Domingos de Benfica을 지나간다. 이 건물은
본래 벤피카 왕궁이었으나 주앙 1세가 도미니크 수도회에
하사하면서 수도원이 되었다. 현재는 사관학교가 이곳에
둥지를 틀고 있다. 1755년 대지진 때 무너졌다가 재건축된
수도원 교회에는 아름다운 아줄레주와 대변호사 주앙 다스
헤그라스 등이 안치된 훌륭한 묘가 있다. 수도원 옆은 주앙
6세의 딸인 공주가 소유했던 킨타 다 인판타 도나 이사벨
Quinta da Infanta Dona Isabel이다. 지금은 소년원이 되었다. 바로
이 앞에 **프론테이라 저택**Palácio dos Marqueses de Fronteira이 있다.
기막힌 건축에 아름답게 장식된 오래된 저택이다. 포르투갈
군대의 역사나 문학사에서 중요한 순간이 여러 차례 이곳과
마주쳤다. 저택 왼쪽에 있는 정원은 그야말로 예술의
정수라 할 수 있다. 오른쪽에 있는 길은 세라 드 몬산투로
가는 길이다. 현재 이 아름다운 영지는 프론테이라
후작의 후손인 동 주제 드 마스카레냐스 소유이며
허가를 받고 방문할 수 있다.•

전차 노선이 지나가는 벤피카 대로로 돌아오면 곧 전차

종점에 이른다. 여기가 바로 벤피카, 새로 개발된 인기 구역이다. 그래도 여전히 일요일이나 여름밤에 찾아오기 좋은 교외다. 왼쪽으로 올라가면 인기 있는 주말 나들이 장소인 실바 포르투 공원Parque Silva Porto이다.

이 여정 내내 우리 왼쪽에는 세라 드 몬산투가 보인다.

우리가 탄 자동차는 리스본을 완전히 벗어나(벤피카까지가 리스본 시내다.) 계속 움직이다가 곧 리스본에서 13킬로미터 지점인 아마도라 마을에 닿는다. 최근에야 이 교외 지역이 개발되어 현대적인 주택들이 많이 들어섰다. 이 마을에는 비행장이 있다.

더 가다보면 리스본에서 15킬로미터 지점에 켈루스궁이 있다. 벤피카궁, 아마도라궁, 켈루스궁 모두 리스본에서 신트라로 가는 철길을 따라 있다는 사실을 기억하길 바란다. 즉 우리는 점점 신트라에 가까워지고 있다.

켈루스에서 눈여겨볼 것은 1758년부터 1794년까지 단계적으로 지은 **켈루스궁**Palácio de Queluz이다. 그 시대의 건물

- 현재는 일반에 공개되어 일요일과 공휴일을 제외하고 방문할 수 있다. 정해진 시간에 가이드와 함께 입장. 입장료 7유로.

중 가장 특이하면서도 화려하고 웅장하다고 할만 한
데다 역사적 사건들마저 서려 있어 흥미마저 더해진다.
본래 이 궁은 카스텔루 호드리구 후작의 시골 별장이었다가
국가에 환수되면서 국유 재산이 되었다. 이곳을 배경으로
왕족들 사이에서 추문이 종종 벌어지기도 했다. 건물
자체는 성공적으로 개조 증축되어서 전체적으로 아름다운
궁이 되었고 지금도 잘 보존되어 있다. 왕과 왕자의
거처로 이용되기도 했지만, 프랑스가 포르투갈을 침략할
당시에는 주노가 이곳에 머무르면서 건물 일부를 개조하고
증축하기도 했다.*

켈루스궁에는 특별한 이름을 가진 방들이 많다. 횃대의 방,
궁수의 방, 대사의 방은 그림과 테두리 장식으로 가장 잘
꾸며진 방이다. 왕비의 의상 담당자가 묵는 방과
왕비가 옷 갈아 입는 방, 한때 동 미구엘의 침실이었던
멋진 그림이 있는 방, 카를로타 호아키나 왕비의 침실,
기도실, 소설 돈키호테 속 장면들을 주제로 한 그림이
걸린 돈키호테의 방**, 회전목마의 방 등 모든 방이
화려하게 꾸며지고 거울이 걸려 있다.

켈루스궁의 정원은 포르투갈 왕궁 정원 중에서도 최고로 꼽힌다. 정원은 넵튠, 아즈레이루스, 일반 공원 이렇게 세 구역으로 나뉜다. 다양한 종류의 나무와 식물, 연못과 조각이 있으며 작은 시내 위로 놓인 다리에 설치된 아줄레주는 궁정 생활의 일면을 보여준다.[***]

켈루스Queluz에서 아주 가까이에(1킬로미터 정도) 벨라스Bellas 마을(리스본에서 14킬로미터)이 있다. 이 마을에는 벨라스 후작 소유였던 아름다운 저택이 있다. 한때 두아르트왕이 기거했고, 그 후에는 마누엘 1세의 어머니인 도나 브리테스가 거주했다. 지금은 보르제스 드 알메이다 경이 주인이다. 마을 반대쪽에는 아름다운 소나무에 둘러싸인 그림 같은 저택들이 있다. 그 중 봉자르딩 별장Quinta do Bonjardim은 헤돈두 백작의 것이었다가 지금은 보르바 후작에게 넘어갔다. 이 지역 전체가 맑은 공기와 물 덕분에 더 근사하게 느껴진다.

켈루스를 벗어나다 보면 리스본에 물을 대는 수도교[086]의 아치 아래를 지나게 된다. 그리고 좀 더 가다가 카셈 Cacém으로 가는 내리막길이 시작되는 곳에서 **신트라 언덕**Serra

* 포르투갈이 니폴레옹의 대륙봉쇄령을 따르지 않자 1807년 11월에 주노 장군이 이끄는 나폴레옹 군이 쳐들어와 순식간에 포르투갈을 점령했다. 당시 섭정 주앙 6세와 왕비는 브라질로 몸을 피해 살아남았고, 이 사건으로 이베리아 전쟁이 시작되었다.
** 페드루 3세와 마리아 1세 등 여러 왕족의 침실로 쓰였으며 주앙 6세의 흉상이 있다.
*** 여름 9:00-19:00, 겨울 9:00-17:30. 자세한 일정은 홈페이지 참조. 입장료 8.5-10유로.

de Sintra의 장관이 보인다. 더 또렷이 보이는 쪽이 바로
무어인들의 성이 있는 곳이다.

이제 우리는 기찻길이 갈라지는(리스본에서 18킬로미터
떨어진) 카셈을 지난다. 이쯤에서 우리가 지금까지 자동차로
온 길이 사실 기차를 타고도 올 수 있는 길이라는 사실을
밝혀두고자 한다. 리스본과 신트라 사이를 오가는 열차는
제법 쾌적하다. 가는 길에 있는 큰 마을에 모두 서고
열차도 자주 다닌다. 카셈 분기점에서 철길 한 갈래는
신트라로 향하고, 다른 한 갈래는 칼다스 다 하이냐Caldas da
Rainha(리스본에서 109킬로미터)와 피게이라 다 포스Figueira
da Foz(리스본에서 220킬로미터)로 향한다. 두 지역 모두
포르투갈 사람들과 스페인 사람들에게 무척이나 인기 있는
휴양지다.

몇 분만 더 가면 신트라(리스본에서 28킬로미터)가 때론
옅은 안개에 휩싸여 때론 반짝이는 햇살 속에 빛나며
그 모습을 드러낸다.

찾아보기

_____

_____

_____

_____

_____

_____

_____

_____

_____

_____

_____

_____

_____

_____

_____